电机原理与实践

（第二版）

主　编　赵镜红　孙　盼　吴旭升
副主编　熊义勇　严思念

U0228049

科学出版社

北京

内 容 简 介

本书根据电气工程及其自动化专业实践课程的实施要求而编写。针对电机类实践课程部分特点，本书内容包括电机基本原理与结构、电机实验和基础能力训练三大部分。本书训练学生的基础电工能力，使学生掌握电机基本理论和电机实验方法，力求理论与实践相结合，提高学生的动手能力。

本书可作为电气工程及其自动化、能源与动力工程、机电工程等专业相关课程的实验教材，也可作为有关专业工程技术人员的参考用书。

图书在版编目(CIP)数据

电机原理与实践 / 赵镜红，孙盼，吴旭升主编. —2 版. —北京：科学出版社，2024.6

ISBN 978-7-03-078640-1

Ⅰ. ①电⋯ Ⅱ. ①赵⋯ ②孙⋯ ③吴⋯ Ⅲ. ①电机学 Ⅳ. ①TM3

中国国家版本馆 CIP 数据核字（2024）第 110577 号

责任编辑：吉正霞 纪四稳 / 责任校对：王萌萌
责任印制：彭 超 / 封面设计：苏 波

科学出版社 出版
北京东黄城根北街 16 号
邮政编码：100717
http://www.sciencep.com
武汉中科兴业印务有限公司印刷
科学出版社发行 各地新华书店经销
*
2024 年 6 月第 二 版 开本：787×1092 1/16
2024 年 6 月第一次印刷 印张：13 3/4
字数：342 000
定价：63.00 元
（如有印装质量问题，我社负责调换）

前　　言

　　近年来，随着我国经济社会的快速发展和科技创新的深入推进，电气工程学科作为国家发展战略的重要组成部分，正面临着前所未有的发展机遇和挑战。为贯彻落实国家关于高等教育"双一流"建设的战略部署，以及二十大报告中提出的关于科技创新和人才培养的重要精神，编者结合近年来电气工程学科教学改革要求，适应院校"双一流"建设调整，跟踪电机类装备的发展趋势，本着培养应用型、技能型、创新型人才的精神，根据实践课程教学的特点，并参照人才培养实施方案和有关行业技能鉴定规范编写了本书。

　　本书在编写过程中力图体现以下特点：

　　（1）根据相关专业人员培养层次，突出了基本技能、能力提高的目标要求；

　　（2）根据装备发展需求及岗位任职能力需求，突出了能力培养与装备发展的适应性要求；

　　（3）根据相关专业的培训目标，突出了应用性、实践性和技能性；

　　（4）根据教育理论和教学规律，突出了典型性；

　　（5）根据事物发展的规律，体现了新颖性；

　　（6）根据读者的知识结构，体现了可读性。

　　本书第 1 章讲解舰船特种电机；第 2 章介绍电机基本原理与结构，分直流电机、变压器、异步电机和同步电机四部分；第 3～第 6 章介绍基本的电机实验项目，按照当前高校实验课程基本要求，归纳整理常见电机实验的方法；第 7 章介绍常用电工工具及使用、常用电工仪表及使用和电工安全基础知识。

　　本书的编写分工为：吴旭升、熊义勇编写第 1 章，孙盼、张彬编写第 2、第 3 章，严思念、夏益辉、高嵬编写第 4、第 5 章，赵镜红、杨律编写第 6、第 7 章。

　　限于编者的水平和能力，加之时间比较仓促，书中难免存在疏漏或不足之处，恳切希望广大读者给予批评指正。

编　者

2024 年 1 月

目　　录

第1章
舰船特种电机

1.1　舰船特种电机的发展历程

20 世纪 80 年代以来，电力电子和交流电机技术的发展推动了动力系统从机械化向电气化的深刻变革，催生了全电移动平台，加速了新型高效能源、高性能电机、高效电力传动与智能控制等一系列技术的发展，尤其加速了高性能电机系统的发展。全电移动平台的核心动力装置是发电、推进、储能等电机系统，最大限度地实现了能量的高效利用和精确控制，对电机系统提出了更高的性能需求，总体而言，可以概括为高功率密度、高适应性、高可靠性、高精度、低排放、多功能复用等。目前，新型电机系统正逐渐推广应用于全电舰船、全电车辆、全电推进飞行器等平台。

21 世纪初，围绕舰船动力和电磁发射的发展需求，马伟明院士团队提出了"电力集成"的技术思想，以实现电机系统高功率密度、高可靠性与高性能。该思想将设备的各独立环节或多个设备作为一个整体进行结构优化设计，从而减少中间环节，实现电机系统的集成化、小型化。

在舰船动力领域，舰船综合电力系统将传统舰船相互独立的动力和电力两大系统合二为一，将发电、推进供电、高能武器发射供电、大功率探测供电、日常用电等综合为一体，该系统的核心动力装置是发电、推进、储能等电机。

在上述领域，我国开展了一系列卓有成效的研究工作，并实现了突破性的进展。此外，我国已经研制出一系列高性能的电机系统，总体处于国际先进水平，如超大容量电机系统、超高速电机系统、超高功率密度电机系统、大容量高转矩密度多相电机系统等。这些突破性进展，为我国多个领域的建设和体系的构建提供了核心技术支撑。除了上述进展，基于新型拓扑结构的电机系统也不断涌现，如混合励磁交流电机、定子永磁电机、磁场调制电机、无刷双馈电机、横向磁通电机、多机械端口电机、平面电机、少稀土电机和基于新型功能电工材料的电机等，发展前景广阔。

下面，结合舰船应用，具体介绍几种典型的特种电机的基本结构与工作原理。

1.2　多相整流型同步发电机的基本原理

传统的舰船发电机组，特别是采用交流电制的场合，多采用减速齿轮箱将高速原动机（汽轮机或燃气轮机）与发电机相连，其重量、体积增加且振动噪声大，与舰船对重量、空间、隐身性的严格限制相违背。采用直流电制可以不再受交流频率的限制，并为取消减速齿轮箱和大幅提高发电机转速提供了技术基础。一旦取消减速齿轮箱，将高速原动机与发电机直接耦合，既降低了发电系统的振动噪声，又减小了其体积、重量。因此，在以直流电制为主的未来舰船综合电力系统中，高速交流整流型发电机已成为发电模块的主要发展方向。

三相同步发电机整流系统的供电品质较差、发电机效率较低，为克服这些缺点，可采用多相同步发电机如六相 2Y 移 30°绕组或十二相 4Y 移 15°绕组的同步发电机，以提高整流电源的品质和电机的效率，并减小高次谐波电流产生的电枢磁势对电机的不良影响。以十二相整流型同步发电机系统为例，该系统具有功率密度高、电压脉动小、动态性能优等突出特点，某型舰船就将其作为主动力源。

　　多相整流型同步发电机与传统的直流发电机相比，具有无换向火花、无碳粉污染、可以与中高速原动机配套、容量不受机械换向器限制、可靠性高、维护保养简单等一系列优点。因此，在许多领域中多相整流型同步发电机正在逐步替代传统直流发电机作为大容量直流电源。

　　多相整流型同步发电机的相数一般为 $m = 3, 6, 9, \cdots, 3k$（$k = 1, 2, \cdots$），由于三相整流型同步发电机结构与一般三相交流同步发电机相同，且脉动系数过大，除了小容量的整流发电机外，通常多相整流型同步发电机是指 $m = 3k$ 相（$k > 1$），即六相、九相等多相带整流装置的同步发电机，其转子结构与常用三相交流同步发电机类似，可以采用无刷励磁方式励磁。

　　为了减小整流电压脉动系数，多相整流型同步发电机定子绕组宜采用 k（$k > 1$）个 Y 接法互移 $\pi/(3k)$ 电角度非对称接法绕组。下面以十二相整流型同步发电机为例进行介绍。十二相整流型同步发电机原理如图 1.2.1 所示，该发电机转子铁心与绕组结构形式和通常的三相交流发电机类似，定子十二相绕组采用 4Y 移 15° 绕组，其定子相电压相量图如图 1.2.2 所示。

图 1.2.1　十二相整流型同步发电机原理图

AVR 指自动电压调节器

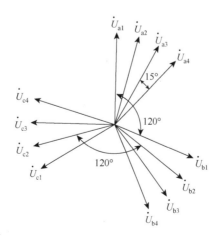

图 1.2.2　十二相电压相量图

图 1.2.1 中十二相绕组由 4 个互移 15°电角度的三相绕组组成，4 个三相绕组中点不连接在一起，每个三相绕组分别接到一个三相整流桥输入端，4 个三相整流桥直流侧可以采用直接并联的接法（能够输出比较大的电流），也可以采用串联接法（能够输出比较大的电压），还可以采用两串两并的接法。为了提高电机集成化程度，减少电机引出电缆，降低电磁干扰，一般都将十二相整流装置、励磁调节装置设置在电机内部，与发电机共用一套冷却系统。

1.3 双绕组发电机的基本原理

在舰船、飞机、移动通信站、石油钻井平台等独立系统中，往往同时需要高品质的交流电源和直流电源。传统的方法是采用交流发电机和直流发电机分别供电。这就需要交直流两种发电机组和配电设备，而两套独立的供电系统通常都存在成本高、体积/重量大、效率低和经济性差等一系列缺点，在体积和重量都受到严格限制的舰船、飞机等独立系统中难以采用。

双绕组发电机作为能同时发出交流电和直流电的特殊电机，具有成本低、体积小、重量轻和交流电压波形畸变小的优点，特别适用于同时需要交流电源和直流电源的独立系统，如舰船、飞机、移动通信站、石油钻井平台等。

在交直流电力集成的双绕组发电机中，三相交流与多相（六相、九相、十二相、十五相等）整流同时共用一台发电机磁路，省去一个多绕组隔离变压器，即发电机定子上嵌放两套相互独立的绕组，一套三相绕组给交流电网供电，另一套六相（或九相、十二相等）绕组经内部整流后给直流负载供电，整流输出与三相交流输出隔离开来，仅有磁路耦合，没有电路连接，可以大大减小整流电流换相对交流电网电压波形畸变的影响。三/十二相双绕组发电机电路原理如图 1.3.1 所示，其中三相交流绕组为 Y 接法，十二相采用 4Y 移 15°绕组，整流输出电压中最低次频率谐波为 24 次，各绕组的中点都不引出。同时把发电机励磁控制装置和整流装置都放在电机内，与电机共用一套冷却系统。因此，该发电机对外同时起到一台交流发电机和一台直流发电机的作用。图 1.3.2 表示两套定子绕组和转子绕组的相对嵌放位置。

图 1.3.1 三/十二相双绕组发电机电路原理图

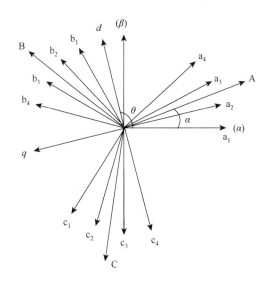

图 1.3.2　两套定子绕组和转子绕组相对嵌放位置

1.4　多相感应电机的基本原理

在航空航天、电动汽车、轨道交通等要求电机驱动系统具有高可靠性的领域，通常采用可容错运行能力强的多相感应电机来完成电力拖动任务。多相感应电机及其驱动控制系统相比于常见的三相感应电机及其驱动控制系统有着显著的优势。一般来说，多相感应电机主要用在功率较大、可靠性要求高的领域，如混合电动车、航天、船舶推进等；在一些高可靠性、高冗余度的小功率传动系统中，由于容错性高、转矩脉动小的要求，也采用了多相感应电机及其驱动系统。

多相感应电机主要存在以下优点：一是单相功率低，二是冗余性强，三是控制灵活。此外，多相感应电机能提供平稳的转矩响应，具有更高的电机转矩密度、更小的转矩脉动、更小的谐波电流、更好的瞬态和稳态性能，同时电流谐波注入可以提供更稳健的控制等。在存在诸多优势的同时，多相感应电机也存在一些缺点，例如，随着电机相数的增多，使用的电力电子器件数量会增多，成本会增加；由于相数多，调控的机动性提高，电机控制的方法更加繁杂；多相电机一般采用逆变电源供电，所以定子谐波电流的次数及谐波的损耗将会增多等。

多相感应电机和一般的三相感应电机在电机的主要结构和组成形式上是相同的。多相感应电机结构主要包括两个部分：静止部分——定子；转动部分——转子。二者最大的区别在于电机的交流绕组，多相感应电机的绕组由多套对称绕组相互交错开一定的角度所构成。

以十五相感应电机为例，存在中点不互连的独立十五相和三个互移 12° 的中点互连的五相绕组两种形式。三个互移 12° 的中点互连的五相绕组的十五相感应电机定子相轴与转子相轴的相对位置如图 1.4.1 所示。

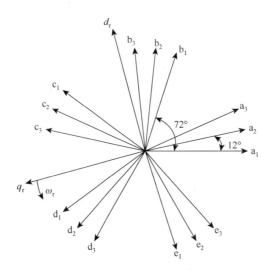

图 1.4.1   十五相感应电机定子相轴与转子相轴的相对位置

其基本原理如下：

当 m 相感应电机定子绕组接到 m 相交流电源上时，定子绕组中将流过 m 相对称电流，气隙中将建立基波旋转磁动势，从而产生基波旋转磁场，其转速 n_1 由电网频率 f_1 和定子绕组的极对数 p 决定：

$$n_1 = \frac{60 f_1}{p}$$

这个基波旋转磁场在短路的转子绕组（若是鼠笼型绕组则其本身就是短路的，若是绕线型转子则可以通过电刷短路）中感应电动势并在转子绕组中产生相应的电流，该电流与气隙中的旋转磁场相互作用从而产生电磁转矩。

以某型五相感应电机系统为例，其所用的五相 H 桥逆变器主电路如图 1.4.2 所示，五相感应电机每相定子绕组均由一个单相 H 桥逆变器独立控制，图中 A 相 H 桥开关器件 A_1、A_4 同时通断，A_2、A_3 同时通断，两组绝缘栅双极型晶体管（insulated gate bipolar transistor，IGBT）

图 1.4.2   五相 H 桥逆变器主电路

开关状态呈互补关系，其余四相同理。假设某单相 H 桥右桥臂的 IGBT 故障，可以将电机定子每相绕组尾端星形连接在一起，而逆变器每相 H 桥只使用左桥臂，则可以形成五相全桥式逆变器。在同样的直流母线电压下，与全桥结构相比，H 桥结构下的电机相绕组获得电流幅值更大，可以输出更高的功率。由于 H 桥逆变器器件较多，在少数 IGBT 故障时，可以将逆变器调整为全桥式结构以排除故障；而在全桥式结构中，由于电机定子绕组的星形连接，五次谐波电流不存在通路，可以直接减少输出谐波。总体来看，五相 H 桥和全桥两种结构各有优势。

1.5　混合励磁发电机的基本原理

传统的电励磁同步发电机通常依靠电刷滑环或者旋转整流装置提供励磁电流，存在转子结构复杂、励磁损耗大和散热困难的问题，难以满足高速运行时的机械强度和散热要求。永磁发电机无须转子励磁装置，具有结构简单、效率高的优势，但其气隙磁场调节困难，在转速或负载变化时会导致输出电压不可控。混合励磁发电机在永磁发电机的基础上引入了辅助励磁绕组，由永磁体建立主磁场，由辅助励磁绕组提供调节气隙磁场所需的磁势，在改善调压性能的同时，减小了励磁绕组的损耗，具有重要的研究价值。

海军工程大学相关团队提出一种新型混合励磁发电机拓扑结构，如图 1.5.1 所示，沿轴向分为全永磁部分和辅助部分，全永磁部分位于电机中部，辅助部分位于电机两侧。在定子铁心内布置两组环形励磁线圈，串联后构成环形励磁绕组，定子铁心由三段硅钢片叠压组成，电枢绕组贯穿整个定子，定子铁心外圆套有导磁套筒，为辅助励磁绕组提供轴向磁路。全永磁部分的转子结构与传统的表贴式永磁电机转子相同，辅助部分的转子磁极既有铁心极又有永磁极，两者交错排列。两组定子环形励磁绕组对应的转子部分用隔磁块将全永磁部分与辅助部分轴向隔开，减小永磁体漏磁。该结构最大限度地保留了永磁电机的固有特性，在永磁电机两侧加入辅助部分，在改善调压性能的同时，又能满足高速运行的要求。

(a) 二维示意图

环形励磁绕组　　　导磁套筒

电枢绕组

转轴　　永磁极　　　　　隔磁极　　　　铁心极

(b) 三维结构图

图 1.5.1　新型混合励磁发电机拓扑结构示意图

新型混合励磁发电机的工作原理如下：

由两组环形励磁绕组产生的轴向磁通，在两侧辅助部分转换为径向磁通。电励磁的磁通路径为：转子铁心极→气隙→定子铁心→导磁套筒（轴向）→定子铁心→气隙→另一侧转子铁心极→转子轭部（轴向）→转子铁心极。由于辅助部分的永磁磁路与电励磁磁路并联，永磁极的磁阻远大于铁心极，电励磁磁通主要经过铁心极，只有少量经过永磁极，所以调节励磁电流对辅助部分永磁极气隙磁通密度变化的影响很小，而辅助部分铁心极的气隙磁通密度在电励磁磁势作用下变化明显，从而使每极总磁通得到有效调节。两组环形励磁绕组产生的磁势对中间全永磁部分的作用相互抵消，调节励磁电流的大小和方向，全永磁部分的气隙磁通密度保持不变。

利用铁心极和永磁极的磁阻差异，通过调节励磁电流的大小和方向，能够改变气隙总磁通，从而在负载和转速变化时维持输出电压恒定。当发电机的转速降低或负载电流增加时，输出电压降低。此时应在辅助励磁绕组中通入正向增磁电流，使其产生的磁场对铁心极起到增磁的作用，同一轴线上铁心极和永磁极磁场方向相同，叠加后总磁通增大，输出电压升高。其励磁电流增磁的磁通路径如图 1.5.2（a）所示。当发电机的负载减小时，电枢反应的去磁作用减弱，导致输出电压升高。此时应在辅助励磁绕组中通入去磁电流，使同一极下的铁心极和永磁极磁场方向相反，总磁通减小，输出电压降低。其励磁电流增（去）磁的磁通路径示意图如图 1.5.2（b）所示。

永磁
N极

铁心
N极

铁心
S极

永磁
S极

(a) 励磁电流增磁的磁通路径示意图

永磁
N极

铁心
S极

铁心
N极

永磁
S极

(b) 励磁电流去磁的磁通路径示意图

图 1.5.2　励磁电流增（去）磁的磁通路径示意图

新型混合励磁发电机具有以下特点:

(1)两侧环形励磁绕组产生的磁场对中间全永磁部分的作用相互抵消,调节励磁电流对全永磁部分基本没有影响,发电机整体具有较好的对称性。

(2)励磁绕组位于定子内,实现了无刷化励磁,转子结构简单,提高了发电机高速运行的可靠性。

(3)由于电励磁磁通主要经过铁心极,调节励磁电流不会引起永磁体的不可逆失磁,而且磁路中不存在附加气隙,所需的励磁绕组容量较小。

(4)全永磁部分作为发电机的主发电部分,使发电机具有较高的效率和功率密度,辅助励磁部分只提供电压调节所需的磁场变化,合理设计全永磁部分和辅助励磁部分的比例,可满足不同应用场合的调压要求。

1.6 直线感应电机的基本原理

直线电机是指提供可控直线驱动磁场将一定质量的物体驱动到一定速度的装置,其承载电流达几万安至几兆安量级,依据发射质量大小,出口速度在每秒几十米至十千米。其主要形式有直线感应电机、直线直流电机等。在直线电机出现之前,人们用旋转电动机加上某种由旋转运动变换成直线运动的转换机构来产生直线运动。直线感应电机最明显的优点是没有齿轮,没有由旋转运动转换成直线运动的转换机构。因此,与带有机械齿轮及其类似装置的旋转电机相比,直线感应电机更耐用,也更可靠。与旋转电机相比,直线感应电机的其他一些优点如下:

(1)在发生加速或减速时,具有更大的加速度或减速度,且轮子与轨道的磨损小。

(2)有机械和电气保护,并具备适应恶劣环境的能力。

(3)容易维修与更换。

(4)除推力和速度的控制简便以外,还能够在没有机械接触的情况下在次级产生推力。

(5)存在垂直力,在悬浮电机中这是有利的。

直线感应电机按其结构型式不同,可分为扁平型、管型、圆盘型等。因为扁平型最有代表性,且应用最广泛,所以下面将以扁平型直线感应电机为例展开介绍。直线感应电机是由普通旋转交流感应电机演变而来的,从结构类型上来看,虽然它与普通交流感应电机不同,但是它们的基本原理是一样的。

为了说明由旋转电机变为直线感应电机的演变过程,先简单介绍一下旋转电机的结构。图 1.6.1(a)为一台感应电机的剖面图。由图 1.6.1(a)可以看出,它由固定不动的定子、可以自由转动的转子,以及介于两者之间的气隙三部分组成。定子的主体是铁心和三相交流绕组。铁心用硅钢片叠成,在内圆上开有均匀分布的槽,而三相交流绕组嵌置于槽中。转子有鼠笼型和绕线型两种,最常见的是鼠笼型,它由铁心和鼠笼绕组构成。铁心一般也用硅钢片叠成,在外圆上开有均匀分布的槽,槽中安放铜条或注入铝,在铁心两端用铜环或铸铝环将所有导条短接起来,形成鼠笼绕组。定子与转子之间的气隙是为了使定子与转子不相碰而必须存在的,在保证机械运转可靠的条件下,气隙应尽可能小,以便减小所需的磁化电流而提高电机的效率。当将三相交流电流接通到定子绕组时,在电机气隙中就产生了旋转磁场,在这个磁场的作用下,转子上感应出电流,转子电流与旋转磁场相互作用产生电磁转矩,使转子沿着磁场旋转的方向做旋转运动。若用一片整块的导体替换原来的鼠笼条，则图 1.6.1（a）变为图 1.6.1（b），此时上述作用原理仍然不变。

现在设想将图 1.6.1（b）沿径向剖开并将其拉直，则可得图 1.6.1（c），即由普通旋转电机直接演变而来的最原始的直线感应电机。由定子演变而来的一边称为初级或原边，由转子演变而来的一边称为次级或副边。若将三相交流电流接通到初级三相绕组上，则在电机气隙中会产生直线移动磁场。在这个移动磁场的作用下，次级导体中感应出电流，这个电流与移动磁场相互作用产生电磁推力，使次级沿着直线移动磁场方向做直线运动，如图 1.6.1（d）所示。

图 1.6.1（d）中，直线感应电机的初级与次级长度相等，这在实际应用中是行不通的，因为初级与次级做相对运动，假定在开始运动时，初级与次级正好对齐，则在运动过程中，初级与次级之间相互耦合的部分将越来越少，影响正常运行。因此，在实际应用中需将初级与次级做成长短不等，且长的那一级有足够的长度，以保证在允许行程范围内初级与次级之间保持不变的耦合。在直线感应电机制造中，既可做成短初级，也可做成短次级，分别如图 1.6.1（e）和（f）所示。

由于短初级的制造成本和运行费用均比短次级低得多，一般常采用短初级，而只有在特殊情况下才采用短次级。图 1.6.1（e）和（f）中的直线感应电机仅在次级的一边具有初级，这种结构称为单边型。它的一个显著特点是，在初级与次级之间作用着很大的法向磁拉力，在大多数使用场合下，这种磁拉力是不希望存在的。若在次级两边都装上初级，则能使两边的法向磁拉力相互抵消。

设想将图 1.6.1（e）次级的导体与其铁心分离，并将次级铁心缩短与初级等长，同时在次级铁心上开槽并放置三相绕组（与初级一样），则可得短初级双边直线感应电机，如图 1.6.1（g）所示。同样，由图 1.6.1（f）可得如图 1.6.1（h）所示的短次级双边直线感应电机。在图 1.6.1（g）和（h）中的导体为次级，其余部分为初级。

(a) 普通鼠笼型感应电机剖面图 (b) 转子为整块导体的感应电机剖面图

(c) 最原始的直线感应电机剖面图 (d) 原始直线感应电机运动时作用区域减小剖面图

(e) 短初级单边直线感应电机剖面图

(f) 短次级单边直线感应电机剖面图

(g) 短初级双边直线感应电机剖面图

(h) 短次级双边直线感应电机剖面图

图 1.6.1 由普通鼠笼型感应电机到直线感应电机的演变过程

第 2 章
电机基本原理与结构

电机是实现能量转换的机械，它所依据的主要原理是电磁感应定律和电磁力定律，电和磁是构成电机的两大要素，磁在电机中以场的形式存在，电在电机中以路的形式存在。本章主要讲解直流电机、变压器、异步电机和同步电机的基本工作原理、基本结构和额定值。

2.1 直流电机基本原理与结构

直流电机包括直流发电机与直流电动机，直流发电机将机械能转换为直流电能；直流电动机将直流电能转换为机械能。

直流电机是以直流电为主要电源的船舶上的重要电工设备。在这些船舶上，直流发电机用来向全船电气设备供电；直流电动机用来拖动工作机械。由于具有良好的起动、制动和调速性能，直流电动机适用于对起动和调速性能要求高的工作机械，如舵机、锚机、推进电机等。当然，作为最早出现的电机类型，直流电机存在一些缺点，如结构上比交流电机复杂、可靠性较差、在电刷下易产生火花、维护保养工作繁重等。所以，在新型船舶上越来越多地采用交流电作为船舶的主要电源。但是，直流电仍然是现有的常规潜艇等船舶上的主要电源，在这些船舶上大多采用直流电机来产生电能和拖动工作机械。

本节主要介绍直流电机的构造和工作原理问题。

2.1.1 直流发电机的基本工作原理

直流电机的工作基于电磁感应定律与电磁力定律。直流发电机使绕组在磁场中旋转感生出交流电，经换向器和电刷整流为输出的直流电。直流电动机将直流电通过换向器和电刷变为交流电后再引入绕组中，使该绕组在磁场中产生恒定的转矩来拖动工作机械。

图 2.1.1 是一个最简单的直流发电机模型，两个磁极由永磁铁制成，在空间固定不动。磁极分别为 N 极和 S 极。在两磁极之间安放一个线圈 abcd，线圈的两根端线焊接在两个相互绝缘且与轴同步旋转的两个半圆形的铜环上，这两个铜环称为换向器。换向器上放置电刷 A、B，电刷在空间是固定不动的。通过电刷与换向器接触可将负载和线圈构成一个闭合电路。

若该线圈由原动机带动，逆时针方向恒速旋转，由电磁感应定律可知，每一导体中将感应电势，电势方向由右手定则确定，在图 2.1.1 所示瞬间，导体 ab 中的电势方向由 b 至 a，而导体 cd 中的电势则由 d 至 c。当线圈旋转 180° 时，导体 ab 中的电势方向由 a 至 b，而导体 cd 中的电势则由 c 至 d。为了便于讨论，设导体处于 N 极下时电势为正。当线圈旋转时，每根导体轮流处于 N 极与 S 极下，导体中电势为正、负交替变化的交变电势。导体电势瞬时值为

$$e = Blv \tag{2.1.1}$$

式中，B 为导体所处位置的磁感应强度；l 为导体有效长度；v 为导体的线速度。

由于导体有效长度 l 是不变的，当发电机转速为恒值时，导体电势将随磁感应强度 B 正比

变化。在直流电机中，磁极下磁感应强度 B 沿空间的分布如图 2.1.2（a）所示，则与之成正比的导体电势随时间的变化如图 2.1.2（b）所示，从图中可见，导体电势 e 在时间上的变化规律和磁感应强度 B 在空间上的分布波形是相同的。

图 2.1.1　直流发电机模型

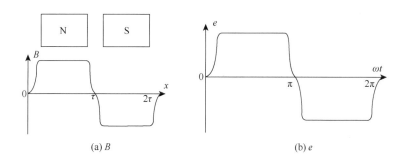

图 2.1.2　导体中感应电势的波形

　　由图 2.1.1 可见，线圈电势为两根导体电势之和，即 $e_{da} = e_{ba} + e_{dc} = 2e$，也就是线圈电势为导体电势的 2 倍，因此线圈电势对时间的变化波形也如图 2.1.2（b）所示，也就是说，线圈电势是交变电势。

　　由上述发电机模型可知，直流发电机线圈中的电势是交变的。但是通过电刷和换向片以后，在电刷 A、B 两端引出的电势则为直流电势。如图 2.1.1 所示瞬间，线圈电势方向是由 d 到 a，故线端 a 及与它相连的电刷 A 为正极（此处注意感应电势的方向是从负指向正的）；d 及与它相连的电刷 B 为负极，电刷 A、B 之间的电势 e_{AB} 为正值。当电枢转过 180° 后，导体 ab 处于 S 极下，导体 dc 处于 N 极下，这时它们的电势方向均相反，于是线圈电势也变为由 a 指向 d。此时，a 为负极，d 为正极。而此时与线端 a 相连的换向片也移到下面，变为与电刷 B 接触，故电刷 B 仍为负极；而与线端 d 相连的换向片变为与电刷 A 接触，所以 A 也仍为正极，也就是说电刷 A、B 之间电势方向不变，即 e_{AB} 仍为正值。由此可见，当电枢旋转时，虽然线圈本身的电势是交变电势，但因换向器随线圈旋转，而电刷静止不动，故电刷 A、B 的极性不变，电势 e_{AB} 为一脉动的直流电势，如图 2.1.3 所示。

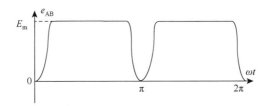

图 2.1.3　单线圈时电刷输出的电势波形

由图 2.1.3 可见，利用换向器后电刷间的电势虽然方向不变，但在最大值 E_m 与 0 之间脉动，不能满足实际需要。为了减小这种脉动，可以通过增加线圈和换向片的数量来达到目的。实际应用的直流电机，在转子上均匀开有一定数量的凹槽，其中嵌入一定数量的线圈，线圈和换向片数量的增多，使电刷间的电势脉动程度大大减小。通常当每极下的线圈大于 8 时，其电势最大或最小瞬时值与平均值之差小于平均值的 1%，故可以认为是恒定的直流电势，如图 2.1.4 所示。

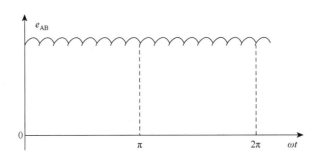

图 2.1.4　采用 8 个线圈串联后的输出电势波形

2.1.2　直流电动机的基本工作原理

如图 2.1.1 所示，如将直流电源接到两个电刷上，便是直流电动机的模型，如图 2.1.5 所示。

图 2.1.5 中假定电刷 A 接电源正极，电刷 B 接电源负极。当导体 a 在 N 极下时，线圈电流由 a 端流入由 d 端流出，如图 2.1.5 所示，根据左手定则可知，此时作用于两根导体上的电磁力

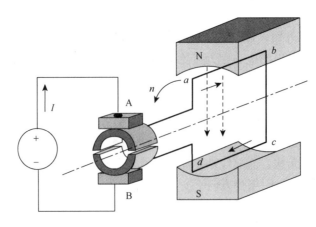

图 2.1.5　直流电动机的工作原理

F 形成逆时针方向的电磁转矩 T，因而使电枢逆时针方向旋转。当导体 d 转到 N 极下时，线圈电流方向变为由 d 端流入由 a 端流出，根据左手定则可知，此时作用于两根导体上的电磁力仍然是使电枢按逆时针方向旋转，即电磁转矩的方向是恒定的，注意此时线圈中的电流是交变的。

由上述分析可知，在直流电动机中，虽然加在电刷上的是直流电，但在电枢旋转过程中，换向器的作用使线圈中流过交流电流，从而使作用于线圈上的电磁转矩方向不变，当然，对于一个线圈，它产生的电磁力与电磁转矩在数值上也是脉动幅度较大的（图 2.1.6）。与感应电势类似，在实际电机中，由于线圈数和换向片数较多，对于整个电枢，由各个线圈产生的总的电磁转矩，不仅方向一定，且数值上也是基本恒定的。

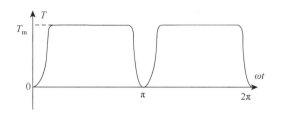

图 2.1.6　电磁转矩波形

2.1.3　直流电机的主要结构

直流发电机和直流电动机在结构上是相同的，它们都是由定子部分和转子部分组成的，图 2.1.7 是一台具有两对磁极的直流电机基本结构。

图 2.1.7　直流电机基本结构

下面将各部分结构简要介绍如下。

1. 定子部分

定子部分通常指电机中静止部分及其机械支撑。它的主要任务是产生磁场，是电机磁

图 2.1.8 机座和磁轭

1-机座；2-磁轭；3-主磁极；4-换向磁极

路的组成部分，并对整个电机起机械支撑作用。定子部分包括机座、磁轭、主磁极、换向磁极等，如图 2.1.8 所示。

1）机座和磁轭

一般直流电机的机座和磁轭采用整体形式，它担负着双重作用，既作为电机机座，又是构成磁路的磁轭。所用材料要求具有良好的导磁性能，一般是将厚钢板弯成圆筒形焊接起来，或者采用铸钢件。机座下端焊有两个底脚，用来安装电机；两端有螺孔，用来固定端盖。机座是整个电机的支撑部件，不仅定子上的各个部件固定在机座上，转子也是通过端盖和轴承而支撑在机座上的。

从图 2.1.8 中可以看出，主磁极和换向磁极都固定在机座上，机座和磁极组成一个整体，因此它也是闭合磁路中的一段。

2）主磁极

主磁极简称主极，其主要作用是在电机气隙中产生按一定形状分布的磁通密度。主磁极由主磁极铁心及套在它上面的励磁绕组组成（图 2.1.9）。主磁极铁心一般用 0.5～3 mm 的低碳钢板冲制叠压而成，并用铆钉铆紧，再用螺钉固定在磁轭上。主磁极的励磁绕组用绝缘铜线绕制而成，绕组和铁心间用绝缘纸、蜡布或云母纸绝缘起来。主磁极铁心和磁轭间垫有薄钢片，用来调整磁极与电枢之间气隙的大小。

主磁极在电机中都是成对出现的，其极性沿圆周是 N、S 交替的。两极和四极电机的磁路如图 2.1.10 所示。主磁极的励磁线圈通电流时便产生磁场，在两极电机中，磁通由 N 极的铁心穿过气隙进入转子铁心，然后由转子铁心出来，经另一气隙进入 S 极铁心，再经过磁轭形成闭合回路，如图 2.1.10（a）所示。四极电机的磁路如图 2.1.10（b）所示，磁通沿相邻两极而闭合。各个磁极上的励磁线圈通常是串联

图 2.1.9 主磁极

1-主磁极铁心；2-极靴；3-励磁绕组；4-绕组绝缘；5-机座；6-螺杆

的，其相邻两主磁极线圈中电流的环绕方向是相反的，从而保证各个磁极的极性为 N、S 相间。

(a) 两极电机的磁路　　　　(b) 四极电机的磁路

图 2.1.10 两极和四极电机的磁路

3）换向磁极

容量大于 1 kW 的直流电机在相邻两主磁极之间另装有一个小磁极，通常称为换向磁极，或称为附加磁极，其作用是改善换向，防止刷下产生电磁火花。一般有几个主磁极就有几个换向磁极；也有特殊情况，换向磁极的个数少于主磁极个数。

换向磁极的结构与主磁极相似，如图 2.1.11 所示。它由换向磁极铁心和换向磁极绕组组成。在换向要求高的场合，换向磁极铁心是用钢片加绝缘再叠装而成，要求不高时就用钢板加工而成。换向磁极绕组一般用粗扁铜线绕制而成。

图 2.1.11　换向磁极

2. 转子部分

直流电机的转子如图 2.1.12 所示，它包括电枢、换向器、风扇等。

图 2.1.12　转子结构

图 2.1.13　电枢铁心冲片示意图

1）电枢

电枢包括电枢铁心和电枢绕组两部分。

电枢铁心构成电机磁路的一个部分，当电枢在磁场中旋转时，穿过铁心的磁通方向不断变化，故在其中将有涡流及磁滞损耗产生，为了减少铁耗，电枢铁心通常由 0.5 mm 厚的硅钢片叠压而成，其表面经过绝缘处理，硅钢片冲有槽形，用来安放线圈。电枢铁心冲片示意图如图 2.1.13 所示（图中只画出了部分槽）。

将线圈的有效导体边安放在铁心的槽中（图 2.1.14），导体与导体之间、线圈与线圈之间、线圈与铁心之间都要求可靠绝缘。为防止电机转动时线圈被甩出，槽口必须加槽锲。各个线圈按照一定规律与换向片连接起来，就组成了电枢绕组。电机工作时，电枢绕组嵌放在槽中的导体将感应电势并通过电流。电枢绕组的连接规律将在 2.2 节详述。

图 2.1.14　安放在槽中的导体

2）换向器

换向器是直流电机的重要部件，它的作用是使直流发电机电刷间获得直流电势，使直流电动机获得恒定的电磁转矩。换向器是由许多换向片组成的，换向片彼此以云母片相互绝缘。换向片由铜制成，尾端开沟或接有连接片，以供电枢线圈端线焊在其中。

换向器的结构形式有多种，中小型电机常用一种燕尾式结构，它的换向片下端呈燕尾式，以便用 V 形截面的压圈夹紧，在燕尾与 V 形压圈间垫有 V 形云母环，如图 2.1.15 所示。整个换向器用键固定在转轴上。

图 2.1.15　换向器

1-换向片；2-云母片；3-V 形云母环；4-钢套；5-绝缘套筒；6-螺旋压圈

3）风扇

风扇装在电机的轴上，用来加强电机的通风冷却，使电机不致因过热而烧坏。

3. 其他部分

其他部分包括电刷装置、端盖、通风孔等。

1）电刷装置

电刷的作用：一是将直流电机旋转的电枢绕组与外电路相连；二是与换向器配合，在发电机中把电枢绕组中的交流电势整流为输出的直流电势，在电动机中将外部的直流电流逆变为交流电流，流入电枢绕组。电刷装置由刷架、刷握和电刷组成，如图 2.1.16 所示。刷架固定于前端盖上，刷架上装有电刷和刷握（图 2.1.17）。电刷通常用石墨等制成，刷后装有用细铜丝编织成的引线，电刷置于刷握中的刷盒内，用弹簧压力使电刷与换向器接触。根据电刷通过电流大小的不同，每个刷杆支臂上装有一个电刷或一组并联的电刷。同极性刷杆连接在一起，由导线引出电机外。

图 2.1.16　电刷装置

图 2.1.17　电刷和刷握

电刷装置与换向器的配合如图 2.1.18 所示。

图 2.1.18　电刷装置与换向器的配合

2）端盖

端盖固定在机座两端，在换向器一端称为前端盖，靠风扇一端称为后端盖，端盖中间装有轴承，用来支撑电枢。船舶上使用的电机端盖一般都采用铸钢或钢板焊接而成。

3）通风孔

为了电机冷却需要，在电机两端的端盖上开有进风口和出风口，电机运转时，借助风扇将机外冷空气吸入机内，冷却磁极、电枢部件。在端盖进、出风口上，装有带孔网罩，以防止异物落入电机，该种形式一般称为防护式结构。也有的电机做成封闭式，这适用于特殊工作环境。

2.1.4 直流电机的额定值

电机制造厂在设计电机时，规定了电机正常运行时电压、电流、功率等容许的数值，这些数值称为额定值。额定值一般标记在电机的铭牌或产品说明书上。

直流电机的额定值一般有以下几项。

1. 额定功率 P_N

额定功率表示在温升和换向等条件限制下，正常使用时电机输出的功率，单位为 kW。对于电动机，是指其转轴上所输出的机械功率；对于发电机，是指其出线端所输出的电功率。

2. 额定电压 U_N

额定电压指电机在额定工作情况下，电机引线两端之间的平均电压，单位为 V。

一般中小型直流电动机的额定电压为 110 V、220 V、440 V 等；发电机额定电压为 115 V、230 V、460 V 等。

有的发电机在铭牌上标有 2 个电压数值，这种发电机可在规定的电压范围内变化使用，该发电机称为调压发电机。有的电动机在铭牌上标有 2 个或 3 个电压数值，这类电动机可在规定的电压范围内变换电压使用，该发电机称为幅压电动机。例如，铭牌上标有 185 V/220 V/320 V，这表示该发电机正常工作电压是 220 V，而当电压是 185 V 或 320 V 时电动机也能工作。

3. 额定电流 I_N

直流发电机的额定电流为

$$I_N = \frac{P_N \times 10^3}{U_N} \tag{2.1.2}$$

额定电流的单位为 A。

直流电动机的额定电流为

$$I_N = \frac{P_N \times 10^3}{U_N \cdot \eta_N} \tag{2.1.3}$$

式中，η_N 为电动机在额定工作情况下运行时的效率。

4. 额定转速 n_N

额定转速是指电机在额定条件下运行时的转速，单位为 r/min。

5. 温升与绝缘等级

温升是指电机在运行中绕组发热而升高的温度。铭牌中所列温升的数据是指电机允许温升，即允许比规定的环境温度高出的摄氏度数，以℃为单位。对于船用电机，规定环境温度为 45 ℃，若铭牌中标出温升为 75 ℃，则说明该电机的绕组最高允许温度为 45 + 75 = 120（℃）。

电机允许温升的数值取决于其绕组所采用的绝缘材料，绝缘等级越高，其允许温升就越高。电机中常用的绝缘材料分 A 级、E 级和 B 级三种，其允许温升如表 2.1.1 所示。

表 2.1.1　常用绝缘材料的允许温升

绝缘等级	绝缘材料	允许温升(环境温度为 45℃)/℃
A	普通漆包线、漆布、青壳纸等	55
E	高强度漆包线、聚酯薄膜等	70
B	用云母、石棉、玻璃丝和有机黏合物制成的材料	75

6. 励磁方式

励磁方式又称激磁方式。对于直流发电机，其励磁方式有他励、并励和复励；对于直流电动机，其励磁方式有并励、串励和复励。

7. 额定励磁电压

额定励磁电压是指电机在额定情况下运行，加于励磁绕组两端的电压，单位为 V。

8. 额定励磁电流

额定励磁电流是指电机在额定情况下运行，励磁绕组中通过的电流，单位为 A。

2.1.5　直流电动机的起动

直流电动机的起动、调速与制动是直流电力拖动的主要问题。电动机的起动过程，是指电机从静止状态进入某一转速下稳定运行的过程。对起动过程一般有以下几个要求：

（1）起动转矩大、起动快，以提高生产率。

（2）起动时电流冲击不要太大，以免对电源和电机本体造成有害影响。

（3）起动过程中消耗的能量要少。

（4）起动设备简单，便于控制。

直流电动机很容易满足这些要求，它的起动性能比交流电动机好。直流电动机的起动可以采用三种方法：直接起动、电枢串电阻起动和降压起动。

1. 直流电动机的直接起动

直接起动就是把电动机直接接到电源上，在额定电压下起动。直接起动方法简单，但它的起动电流很大。我们知道，在起动接通电源的瞬间，转速 $n = 0$，起动电流 $I_{st} = I_a = \dfrac{U - E_a}{R_a} = \dfrac{U}{R_a}$（此时反电势 $E_a = C_e \Phi n = 0$）将很大，通常可达额定电流的 $10 \sim 20$ 倍。例如，$Z_2 C$-51 船用直流电动机，额定功率 $P_N = 10\,\text{kW}$，额定电压 $U_N = 220\,\text{V}$，额定电流 $I_N = 54.7\,\text{A}$，电枢电路内电阻 $R_a = 0.24\,\Omega$，其直接起动电流 $I_{st} = \dfrac{U_N}{R_a} = \dfrac{220}{0.24} = 916.7\,\text{A}$，$\dfrac{I_{st}}{I_N} = \dfrac{916.7}{54.7} = 16.8$。这么大的电流将对电机造成损害。因此，直接起动方法通常只适用于 1 kW 以下的小型电动机，因为小型电动机电枢惯性小，转速升高较快（即反电势增长较快），起动电流很快减下来，这样对电机还不至于造成损害。对于功率较大的电动机，由于电枢的惯性大，起动过程较长，而起动电流又很大，所以在电刷下将产生强烈的火花，使电刷和换向器烧坏，同时还可能使电网电压产生大幅度的波动，从而影响其他负载的工作，所以不允许采用直接起动的方法。

用这种方法起动时还必须注意，在起动时应将励磁电路中的变阻器全部切除或予以短接，使励磁电流有最大数值，这样可使磁通 Φ 为最大值，即有足够大的起动转矩 $T_{st} = C_T \Phi I_{st}$，使电动机能很快起动起来。

2. 直流电动机的电枢串电阻起动

在船舶上，对于功率较大的直流电动机，为了限制其起动电流，通常都采用在直流电动机的电枢电路中串入电阻（称为起动电阻），待转速升高后，再把起动电阻切除。

对于电动机的起动，除了要求起动电流不能太大以外，同时还要求电动机有足够的起动转矩，以保证电动机能很快地起动起来，使起动过程缩短。因此，用变阻器起动时，其起动电阻的数值既不宜过小，也不宜过大，通常是将起动过程中的电流限制在额定电流的 2～1.5 倍，此时起动转矩也为额定转矩的 2～2.5 倍。这样，既限制了起动电流，又保证了电动机有足够大的起动转矩。

图 2.1.19 是一个比较简单的并励直流电动机二级起动线路，起动变阻器有两个起动电阻（R_{Q1} 和 R_{Q2}），下面以此为例，讨论起动过程中电流和转矩的变化。

图 2.1.19　串电阻起动电路

起动时，首先接通电源，然后把手柄由"0"的位置移动到"1"的位置。于是电枢电路串入全部起动电阻并与电源接通。此时，电枢中流过（2～2.5）I_N 的起动电流 I_{st}，它产生足够大的起动转矩 T_{st}，即

$$I_{st} = \frac{U_N}{R_a + R_Q} \approx (2 \sim 2.5) I_N \qquad (2.1.4)$$

$$T_{st} = C_T \Phi I_{st} \approx (2 \sim 2.5) T_N \qquad (2.1.5)$$

式中，$R_Q = R_{Q1} + R_{Q2}$ 为总的起动电阻。

假设电动机的负载转矩为 T_L，由图 2.1.20 的机械特性图可见，由于 $T_{st} > T_L$，$T_{st} - T_L = J\dfrac{\mathrm{d}\Omega}{\mathrm{d}t} > 0$，电动机便起动起来了，其转速沿着图 2.1.21 中 $n = f(t)$ 的 A 段升高。随着转速的升高，反电势也与之成正比增大，于是电枢电流沿着图 2.1.21 曲线 $I_a = f(t)$ 的 ab 段下降 $\left(I_a = \dfrac{U - E_a}{R_a + R_Q}\right)$。在相应的机械特性图（图 2.1.20）上，电动机工作点从 a 点上升至 b 点，电磁转矩减小，于是 $T_{em} - T_L$ 减小（但仍大于零），n 的上升变慢。为了缩短起动时间，在起动过程中应有较大的电磁转矩，因此不能让电枢电流降得过低。一般在电枢电流降到 $I'_{st} = (1.1 \sim 1.2)I_N$ 时，应扳动手柄，去掉第一段起动电阻 R_{Q1}。由于电枢回路电阻减小为 $R_a + R_{Q2}$，电动机的机械特性曲线上抬。因为机械惯性的作用，在该瞬时电动机的转速和反电势不会马上改变，所以电动机工作点将从图中的 b 点平移到 c 点。而电阻的减小引起电流的突增，如图 2.1.21 中 $I_a = f(t)$ 的 bc 段所示。电枢电流增大后，电磁转矩 T_{em} 随之增加，转速的上升也就变快，如图 2.1.21 中 $n = f(t)$ 曲线的 B 段所示。而从机械特性图可见，转速的上升反过来又使 I_a 和 T_{em} 逐渐减小，I_a 的变化如图 2.1.21 中的 cd 段所示。和前面一样，在转速和反电势升到相当高时，去掉第二段起动电阻 R_{Q2}，使电动机的电流和电磁转矩激增，电动机再次加速。最后电动机将稳定工作于图 2.1.20 的 f 点，此时电动机转轴上转矩平衡（$T_{em} = T_L$），且根据稳定运行条件，该点为稳定运行点。

图 2.1.20 　串电阻起动过程的机械特性曲线

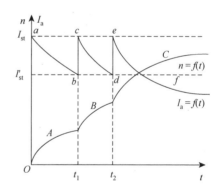

图 2.1.21 　串电阻起动过程电流与转速波形

电动机运行稳定以后，电磁转矩 T_{em} 等于负载转矩 T_L，即 $T_{em} = C_T\Phi I_a = T_L$。显然，这时电枢电流 I_a 的数值取决于电动机所带负载的大小。而电动机的稳定转速 n 应保证反电势 $E_a = C_e\Phi n$ 满足电压平衡关系 $U = E_a + I_a R_a$。由此可知，稳定运行时，电枢电流 I_a 和转速 n 分别由式（2.1.6）和式（2.1.7）确定：

$$I_a = \frac{T_L}{C_T\Phi} \tag{2.1.6}$$

$$n = \frac{U - I_a R_a}{C_e\Phi} \tag{2.1.7}$$

若电动机带额定负载且电源电压和励磁电流为额定值，则稳定后电流和转速都应为额定值。在船舶上，为了保证直流电动机能够平稳迅速地起动起来，起动变阻器通常都由多段起动电阻所组成，并且都装有低压和过载保护装置，以防止出现直接起动和电枢绕组过热的情况。图 2.1.22 是实验室中常用的手动起动变阻器的原理线路图。图中的起动电阻分为四段。并联在电源上的电磁铁，称为无压释放器，它是用来作为无压（或低压）保护的。在起动的最后阶段，当手柄扳到触点 5 上时，起动电阻全部切除。此时无压释放器的吸力把手柄吸住，电动机便在额定电压下运行。在运转过程中，如果由于某种原因而使电源中断，则无压释放器的吸力消失，手柄就在弹簧（图中未画出）弹力的作用下弹回起动前的位置，这样就避免了当电源恢复供电时电动机处在直接起动的状态。

图 2.1.22　手动起动变阻器的原理线路图

在连接上述起动线路时，必须注意励磁电路应直接并联在电源上，磁场变阻器应放在电阻最小的位置上，以使励磁电流最大，从而产生足够大的起动转矩。如果磁场变阻器放在电阻最大的位置上，或励磁电路中有断路和接触不良等情况，则主磁通将很弱，起动转矩很小，电动机所带负载较重时就可能起动不起来，至少会延长起动时间。这时电枢绕组流过较大的电流，将会引起严重的电机故障。在轻载下，虽然有可能起动起来，但由于磁场弱（即 Φ 小），转速要升到很高的数值才能产生足够的反电势（$E_a = C_e \Phi n$）来平衡电源电压，所以最后稳定转速大大超过额定转速，电动机"飞车"，这是一种严重的事故。它可能使电动机的电枢绕组和换向器由于离心力的作用而受到损坏。

若励磁电路不是直接与电源并联，而误接在起动变阻器之后，如图 2.1.23 所示，这样也会造成磁通不足的情况，因为在开始起动时，$E_a = 0$，$U = I_a R_a + I_a R_Q$，R_Q 要比 R_a 大得多，电源电压主要降落在 R_Q 上，电枢两端的电压很低，这时励磁电流和磁通将很小，起动转矩不大。若负载较轻，虽有可能起动起来，但会使起动时间延长，电枢中将长时间通过大的电流。若负载较重可能起动不起来，此时若照常切除起动电阻，电枢电流将很大，相当于直接起动的情况。

图 2.1.23　励磁回路的错误接线

此外，使用起动变阻器时，应注意扳动起动手柄不能太快，否则在电动机转速还未升高时就把起动电阻切除，电枢中仍将有大的电流冲击。对于中型电动机，其起动时间通常为 3～5s。另外，因为起动变阻器是根据短时工作设计的，所以不允许将手柄长期停放在某一中间位置，否则部分起动电阻将长时间通过电流，有可能被烧毁。

3. 直流电动机的降压起动

当电机容量大而起动又较为频繁时，电枢串电阻起动所消耗的能量就很不经济了。这时可以采用降低电枢电压的办法起动。降压起动可以采用专用的发电机或可控整流器作为电源，来减小起动电流，其电路图如图 2.1.24 所示。

图 2.1.24　降压起动的电路图

降压起动的机械特性如图 2.1.25 所示，首先，电动机的电枢绕组接通低压电源，起动电流 $I_{st} = U / R_a$ 限制在容许范围内，且起动转矩 T_{st} 足够大，电动机从静止状态开始起动。随着转速的升高，$E_a = C_e \Phi n$ 增大，使得电枢电流 I_a 和电磁转矩 T_{em} 都减小，图中电动机的运行状态从 a 点逐步上升至 b 点。为了保证起动过程中有较大的电磁转矩，尽量缩短起动时间，应当逐步升高电枢电压，直至额定电压 U_N。电机状态沿着图中的 $a \to b \to c \to d \to e \to f \to g \to h \to i \to j$ 的轨迹变化，最后在 j 点稳定运行。由于晶闸管可控整流器可以实现电压的连续平滑调节，在起动过程中电动机的电磁转矩可以基本保持不变，从而电动机的起动过程非常平稳。注意降压起动时励磁绕组应直接接在固定的直流电源上。

降压起动需要专用的电源设备，系统复杂，价格昂贵。通常直流电动机采用该方法起动，是与降压调速一起考虑的。

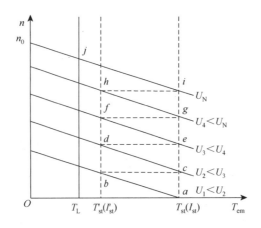

图 2.1.25　降压起动的机械特性图

2.1.6　直流电动机的调速

舰船上的直流电动机工作时往往需要几种不同的转速，如潜艇的推进电机、电动锚机等。直流电动机拥有优良的调速性能，本节主要以他（并）励直流电动机为例，介绍常用的调速方法；然后简单介绍串励和复励电动机的调速方法。

1. 他（并）励直流电动机的调速

根据转矩公式 $n = \dfrac{U - I_a R_a}{C_e \varPhi}$ 可知，调节他（并）励电动机的转速可以有下列几种方法：①改变电枢回路的串联电阻；②改变主磁通 $\varPhi$，即改变励磁调节电阻；③改变电枢两端的电压 U。

1）电枢回路串电阻调速

保持电源电压 $U = U_N$，$\varPhi = \varPhi_N$（即 $I_f = I_{fN}$）不变，可以通过在电枢回路中串联电阻 R_c 进行调速，如图 2.1.26 所示。由转速公式可知，电阻 R_c 越大，电枢电路压降 $I_a(R_a + R_c)$ 也越大，转速就越低。在改变电阻 R_c 时，电动机是怎样由一种转速变到另一种转速呢？其转速的变化过程是怎样的？对此，可分析如下。

图 2.1.26　电枢回路串电阻调速的电路图

设直流电动机工作在某一稳定状态（$T_{em} = T_L$），现将串联在电枢回路中的电阻 R_c 增大，在这一瞬间，电动机的转速由于惯性的作用还来不及变化，此时反电势 $E_a = C_e \Phi n$ 也未改变。由公式 $I_a = \dfrac{U - E_a}{R_a + R_c}$ 可知，电枢电流 I_a 立即减小，电磁转矩 $T_{em} = C_T \Phi I_a$ 也相应减小，电动机的运行状态从图 2.1.27 中的 a 点过渡到 b 点。此时 $T_{em} < T_L$，于是转速 n 便开始下降，电动机沿着新的机械特性曲线从 b 点下降到 c 点。转速下降的同时，反电势 E_a 随之减小，I_a 回升，电磁转矩 T_{em} 也随之回升，直到 $T_{em} = T_L$ 电磁转矩与制动转矩再次平衡时转速停止下降，电动机在 c 点稳定运行。在 c 点稳定运行时，与稳定运行的 a 点相比，由于电磁转矩 $T_{em} = T_L$ 不变，所以电枢电流 I_a 不变，而 $n_2 < n_1$。调速过程中电流和转速随时间的变化曲线如图 2.1.28 所示。

图 2.1.27　串电阻调速的机械特性曲线

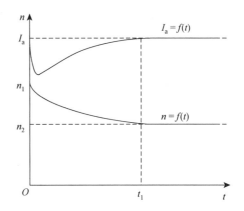

图 2.1.28　串电阻调速过程电流与转速波形

2）弱磁调速

保持 $U = U_N$，且电枢回路外串电阻 $R_c = 0$，可以通过改变励磁电流 I_f 使主磁通 Φ 发生变化来改变电动机转速。一般来说，额定运行时电动机的磁路已近饱和状态，调节磁通应当从额定值向下调节，因此常常称为弱磁调速。弱磁调速的电路图如图 2.1.26 所示，实际中常常是通过改变励磁调节电阻 R_f 来改变励磁电流 I_f 和主磁通 Φ 的。

对这种调速方法的转速变化过程，可用和前面同样的方法进行分析：当电阻 R_f 增大的瞬间，励磁电流 I_f 减小，它所产生的主磁通减小为 Φ_1，而转速则由于惯性尚未马上改变，因而反电势 $E_a = C_e \Phi n$ 减小，使电枢电流 I_a 相应增大。从电磁转矩的公式 $T_{em} = C_T \Phi I_a$ 来看，一方面 Φ 减小，另一方面 I_a 却增大了。那么电磁转矩究竟是增大还是减小呢？这时应当具体问题具体分析，以图 2.1.29 的机械特性图为例，设所带负载为恒转矩负载 T_L，在 R_f 增大的瞬间，电动机的运行状态将从图 2.1.29 中的 a 点过渡到 b 点。显然电磁转矩增大了，$T_{em} > T_L$，系统开始增速，电动机沿着弱磁后的机械特性曲线从 b 点上升至 c 点。转速升高的同时，反电势 E_a 增大，电枢电流 I_a 和电磁转矩 T_{em} 减小，直至 $T_{em} = T_L$，系统到达新的稳定运行点 c。假设电动机磁通继续减小为图 2.1.29 中的 Φ_2，则弱磁的瞬间，转速不变，电动机的运行状态从图 2.1.29 中的 a 点过渡到 d 点，显然此时电磁转矩减小，$T_{em} < T_L$，系统开始减速，电动机沿着弱磁后的机械特性曲线从 d 点下降至 e 点，在下降的过程中，反电势 E_a 不断减小，电枢电流 I_a 和电磁转矩 T_{em} 不断增大，直至 $T_{em} = T_L$，在 e 点稳定运行。

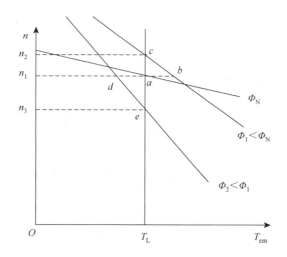

图 2.1.29   弱磁调速的机械特性曲线

由以上分析可知，弱磁调速理论上既可以向上调速也可以向下调速，但是工程实践中，弱磁调速只适合于向上调速，其原因分析：在图 2.1.29 中，当磁通减小为 Φ_1 时，$I_{a(c)} = \dfrac{T_L}{C_T\Phi_1} > I_{a(a)}$，即 c 点的电枢电流大于 a 点的电枢电流。在从 $a \to c$ 的调速过程中，减小励磁电流使转速升高，电机的输出功率随之增加（$P_2 = T_L \cdot \Omega$），同时输入功率也增加（$P_1 = U \cdot I_a$），因此电动机效率几乎不变。当磁通减小为 Φ_2 时，$I_{a(e)} = \dfrac{T_L}{C_T\Phi_2} > I_{a(c)} > I_{a(a)}$，即 e 点的电枢电流大于 a 点和 c 点的电枢电流，在从 $a \to e$ 的调速过程中，由于转速降低，此时电机的输出功率减小（$P_2 = T_L \cdot \Omega$），输入功率却增加（$P_1 = U \cdot I_a$），所以电机效率降低，究其原因是电枢电流过大造成电枢铜耗激增，而且过大的电枢电流可能烧毁电机。因此，从安全性和经济性出发，弱磁调速只适合于向上调速。

3）改变电枢电压调速

改变电枢电压调速是一种比较灵活的调速方式，如果配合励磁调节，调速范围还可以更加宽广，因此它是普遍应用的调速方法。改变电枢电压调速的电路图与降压起动一样，如图 2.1.26 所示。

改变电枢电压调速的变化过程分析如下：在图 2.1.30 的机械特性曲线中，开始时电枢电压为 U_1，电动机拖动负载在 a 点稳定运行，当减小电枢两端电压至 U_2 时，该瞬时转速因惯性还未变化，故 $E_a = C_e\Phi n$ 也未变，由 $I_a = \dfrac{U - E_a}{R_a}$，$I_a$ 将减小，而电磁转矩 $T_{em} = C_T\Phi I_a$ 减小，电动机的运行状态从图 2.1.30 中的 a 点过渡到 b 点。此时 $T_{em} < T_L$，转速 n 开始下降，电动机沿着新的机械特性曲线从 b 点下降到 c 点，注意在 bc 段，电动机的电磁转矩和电流为负值，即两者都反向了，此时 $E_a > U_2$，电机运行于短暂的发电状态，进入 cd 段后，电机回到电动状态。随着 n 的下降，反电势 $E_a = C_e\Phi n$ 减小，于是 I_a 增大，电磁转矩 T_{em} 也随之增加，转速 n 的下降变慢，直到 $T_{em} = T_L$ 时电机在新转速下稳定运转。如果此时恢复原来的电枢电压 U_1，则电动机运行状态从 d 点立刻过渡到 e 点，I_a 增大，使 $T_{em} > T_L$，转速上升，系统最后回到 a 点稳定运行。

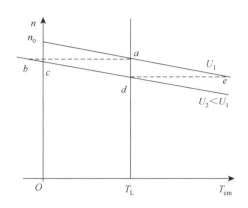

图 2.1.30　改变电枢电压调速的机械特性曲线

在通常情况下电压是不允许随意改变的，因此要想改变电动机的端电压，一般采用单独的发电机、蓄电池组或者晶闸管可控整流器向电动机供电。

上面三种调速方法各有其优缺点。电枢回路串联电阻的方法，能使转速向降低的方向调节，但由于电动机带负载的情况下，电枢电流较大，电枢回路串联电阻 R_c 将消耗功率，所以经济性较差。改变励磁电阻的调速方法，比较简便、经济，因为励磁电流较小，励磁回路串联电阻 R_f 消耗的功率小，同时这种调速方法速度变化均匀，因此得到了广泛的应用。但是由于励磁电路中接入 R_f 只能使转速向增高方向调节，故调速范围同样受到限制。改变电枢端电压的调速方法，通常只用于降低电压以降低转速。这种方法由于主电路不需附加电阻，所以经济性较好。为了得到较大的调速范围，往往把弱磁调速与其他两种调速方法结合起来使用。

2. 串励直流电动机的调速

串励直流电动机为了进行改变磁通 Φ 调速，常常让励磁电流和电枢电流不相等，设两者的关系为 $I_f = \beta I_a$ ，β 为比例常数。这样可以重新写出串励直流电动机的机械特性 $n = \dfrac{\sqrt{C_T}U}{C_e\sqrt{k_f\beta}\sqrt{T_{em}}} - \dfrac{R_a}{C_e k_f \beta}$ ，k_f 为假设磁路线性时磁通与励磁电流的比例系数，公式中忽略了串励绕组的电阻。根据此机械特性可知，串励直流电动机的调速方法分为三种：改变电枢电压调速、电枢回路串电阻调速、改变 I_f 和 I_a 的比值 β 值调速。

图 2.1.31 是改变电枢电压调速的机械特性曲线，图 2.1.32 是电枢回路串电阻调速的机械特性曲线。这两种调速方式的措施和优缺点与他（并）励电动机相似，调速过程不再赘述。

改变 I_f 和 I_a 的比值 β 调速的实质是改变磁通 Φ 调速，改变 β 的方法有两种：电枢分流和串励绕组分流。

1）电枢分流

如图 2.1.33 所示，当开关 K_1 闭合，K_2 打开时，在电枢绕组两端并联电阻 R_{ah} ，此时励磁电流包含电枢电流和流经 R_{ah} 的电流，$\beta > 1$ ，磁通 Φ 增大，所以其机械特性如图 2.1.34 中的曲线 2 所示，图中的曲线 1 为固有机械特性曲线。这种调速方法由于 R_{ah} 中有功率损耗使电动机的效率大为降低。同时 R_{ah} 的体积大，较笨重，因此很少使用。

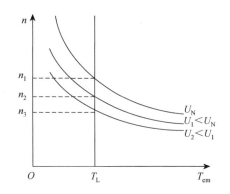

图 2.1.31　串励直流电动机改变电枢电压调速的机械
特性曲线

图 2.1.32　串励直流电动机电枢回路串电阻调速的机械特性曲线

图 2.1.33　串励直流电动机电枢或励磁绕组分流调速电路

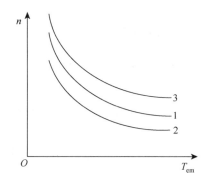

图 2.1.34　串励直流电动机电枢或励磁绕组分流机械特性曲线

2）串励绕组分流

图 2.1.33 中，当开关 K_1 打开，K_2 闭合时，在串励绕组两端并上了分流电阻 R_{fh}，此时 $\beta<1$，磁通 Φ 减弱，机械特性如图 2.1.34 中的曲线 3 所示，即转速可以升高。这种方法，由于 R_{fh} 电阻值不大，功率损耗小，效率只稍有降低，所以可以采用。

复励电动机的调速和制动方法与并励电动机基本相同。但对于串励为主的复励电动机，在改变励磁磁通调速时，则和串励直流电动机一样可用串励绕组分流或电枢分流的方法。

2.2　变压器基本原理与结构

变压器是一种静止的电气设备，它利用电磁感应作用将一种电压、电流的交流电能变成频率相同的另一种电压、电流的交流电能。

2018 年，随着最后一根导线顺利跨越长江，昌吉吉泉±1 100 kV 特高压直流输电工程正式竣工。这条电压为±1 100 kV、输送容量 1 200 万 kW 的输电线路，路径总长 3 300 km，途经新疆、甘肃、宁夏、陕西、河南、安徽六个省区。它的建成，每年向华东地区输送电量 660 亿 kW·h，满足 5 000 万家庭用电的同时，还能够减少煤炭消耗 5 940 万 t、二氧化硫 14.9 万 t，对提高大气环境质量、推动能源转型与绿色发展具有重要意义。这项超级电力工程，是世界上电压等级最高、输送容量最大、输送距离最远、技术水平最先进的特高压输电工程，创造了四项世界之最。变压器是特高压输电的主要电气设备之一，可以实现电能电压等级的变换，在特高压输电过程中起到了重要作用。

　　船上的动力网络和照明网络常采用不同的电压。动力网络为了减小导线的重量，多采用较高的电压，如 440 V、380 V 等；照明网络出于安全，多采用较低的电压，如 110 V、24 V 等。在以交流电为主要电源的船舶上，可以利用变压器来得到所需的高低不同的电压，分别向工作电压不同的电工设备供电。由于温度、湿度、霉菌、倾斜、振动等环境条件恶劣，船用变压器的产品结构在设计上和陆用变压器不尽相同，但是变压器的原理和分析方法是一致的。

　　本节主要研究变压器的原理、结构和使用方法。

2.2.1　变压器基本原理

　　变压器是通过电磁感应定律，或者说是利用互感作用，从一个电路向另一个电路传递电能或传输信号的设备。则它的基本结构是两个（或两个以上）相互绝缘的绕组套在一个共同的铁心上，绕组间有磁场耦合关系，但没有直接的电路联系。因此，变压器是以磁场为媒介，将一种电压的交流电能转换成另一种电压的交流电能。变压器的工作原理如图 2.2.1 所示。

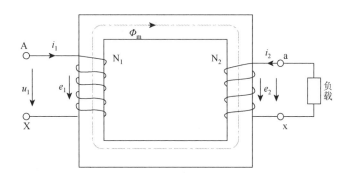

图 2.2.1　变压器的工作原理

　　将变压器的一个绕组接入交流电源 u_1，另一个绕组接入负载。接电源的一侧绕组称为一次侧绕组或原方绕组，接负载的绕组称为二次侧绕组或副方绕组。在外施电压的作用下，一次侧绕组中流过电流 i_1，这一电流在铁心中建立了一个磁场。当外加电压是交流时，一次侧绕组的交流电流在铁心中产生交变磁通，它同时与一次侧、二次侧绕组交链。该交变磁通即主磁通 Φ，主磁通 Φ 的最大值为 Φ_m。根据电磁感应定律，交变的磁通在二次侧绕组中感应出与一次侧相同频率的电动势，当二次侧绕组接上负载时，变压器将向负载输出电能。

　　变压器可以把交流电压按要求升高或降低。在电力系统中，要把发电厂生产的大量电能输送到用电区域需采用高压输电。因为输送一定的功率，电压越高，线路中的电流越小，电能损耗及电压降也就越少，线路的用铜量也越省。当电能传送到用电区域后，为了用电安全，又需应用变压器降低电压。根据这一功能，电力变压器分为升压变压器和降压变压器两类，它们在原理和结构上并无差别。

按用途不同，变压器可分为电力变压器（包括升压变压器、降压变压器、配电变压器）、特种变压器（包括电炉变压器、整流变压器、电焊用变压器、脉冲变压器、仪用变压器）。

变压器还可以根据绕组的数目来分类。通常变压器都为双绕组变压器，即在铁心中有两个绕组，一个为一次侧绕组，另一个为二次侧绕组。如果把一次侧、二次侧绕组合为一个绕组，则称为自耦变压器。容量较大的变压器，有时也可能有三个绕组，用以连接三种不同电压的线路，此种变压器称为三绕组变压器。在特殊情况下，也有应用更多绕组的变压器。

此外，变压器可以根据铁心的结构特点，分为心式变压器和壳式变压器；按变压器的相数分为单相变压器、三相变压器；根据冷却方式的不同，分为油浸式变压器和干式变压器。

本节所要讨论的变压器主要为应用在船舶电力系统中供输电和配电用的变压器，统称电力变压器。

2.2.2　变压器主要结构

变压器主要由铁心、带有绝缘的绕组组成，如果是油浸式变压器，还包含油箱、变压器油和绝缘套管等。其中，铁心和绕组是变压器进行电能转换的主要部分，油箱起机械支撑、冷却、散热和保护作用，变压器油有冷却和绝缘作用，绝缘套管是为了使变压器的带电引线与接地油箱绝缘。图 2.2.2 为一种典型的电力变压器，下面对各部分分别加以说明。

图 2.2.2　变压器整体结构

1-高压绕组出线端；2-低压绕组出线端；3-绕组；4-变压器油箱；5-铁轭；6-绝缘材料

1. 铁心

铁心是变压器的磁路，也是套装绕组的骨架。铁心通常用 0.35 mm 厚、表面涂绝缘漆的硅钢片制成，以提高磁路的磁导率，降低铁心内的涡流损耗。铁心分铁心柱和铁轭两部分，铁心柱上套绕组，铁轭将铁心柱连接起来，形成闭合磁路。根据结构形式，铁心可分为心式和壳式两种。

1）心式变压器的铁心

图 2.2.3 是单相心式变压器的铁心。从图中可以看出，心式变压器的绕组将铁心柱围住。心式铁心结构简单，绕组的装配和绝缘容易，因此在电力变压器中得到广泛应用。

2）壳式变压器的铁心

图 2.2.4 是单相壳式变压器的铁心。从图中可以看出，壳式变压器的铁心柱将绕组围住，同时绕组的侧面也被铁轭围住。这种结构机械强度较好，但制造工艺复杂，铁磁材料用料较多。

图 2.2.3　单相心式变压器的铁心

图 2.2.4　单相壳式变压器的铁心

组成铁心的硅钢片按交叠方式组合起来，如图 2.2.5 所示。图 2.2.5（a）、（b）分别表示单相、三相变压器相邻两层的硅钢片，每层由多块冲片组成，冲片组合应用了不同的排列方法，使各层磁路的接缝处相互错开，避免了涡流在硅钢片之间流通，这种装配方式称为交叠装配。同时，在交叠装配过程中，由于相邻层的接缝错开，铁心压紧时可以用较少的紧固件，结构简单。

(a) 单相变压器硅钢片排列法　　(b) 三相变压器硅钢片排列法

图 2.2.5　变压器铁心的交叠装配

2. 绕组

绕组是变压器的电路部分，用纸包或纱包的绝缘扁铜（铝）线或圆铜（铝）线绕成。

一、二次侧绕组中电压高的一端称为高压绕组，电压低的一端称为低压绕组。高压绕组匝数多，导线细；低压绕组匝数少，导线粗。从高、低压绕组的相对位置来看，变压器绕组可以分为同心式和交叠式两类。

同心式：高、低压绕组同心地套在铁心柱上。为便于绝缘，一般低压绕组在里面，高压绕组在外面，如图 2.2.6（a）所示。

交叠式：高、低压绕组互相交叠放置。为便于绝缘，上、下两组为低压绕组，如图 2.2.6（b）所示。

图 2.2.6　变压器绕组

3. 油箱

为提高电力变压器油箱的机械强度，并减少所需油量，一般都做成椭圆形。为了减小油与空气的接触面积以降低油的氧化速度和浸入变压器油的水分，在油箱上面安装一储油器（又称膨胀器或油枕）。

在油箱顶盖上装有一排气管（又称安全气道），它用来保护变压器油箱。安全气道是一个长钢管，上端部装有一定厚度的玻璃板。当变压器内部发生严重事故而有大量气体形成时，油管内的压力增加，油流和气体将冲破玻璃板向外喷出，以免油箱受到强烈的压力而爆裂。

在储油器与油箱的油路通道间常装有气体继电器，当变压器内部发生故障产生气体或油箱漏油使油面下降时，它可以发出报警信号或自动切断变压器电源。

变压器容量的增大，对散热的要求也将不断提高，油箱形式也要与之相适应。容量很小的变压器可用平滑油箱；容量较大时，需增大散热面积而采用管形油箱；容量很大时，用散热器油箱。

4. 变压器油

除了极少数例外，装配好的电力变压器的铁心和绕组都必须浸入变压器油中。变压器油的作用是双重的：①由于变压器油有较大的介质常数，它可以增强绝缘；②铁心和绕组中由于损耗而发出热量，通过油受热后的对流作用把热量传送到铁箱表面，再由铁箱表面散逸到四周。变压器油为矿物油，由石油分馏得来。在选用变压器油时，应注意它的一般性能，如介电强度、黏度、着火点及杂质（如酸、碱、硫、水分、灰尘、纤维等）含量是否符合国家标准。少量水分的存在，可使变压器油的绝缘性能大为降低，因此防止潮气浸入油中是十分重要的。

5. 绝缘套管

绕组出线穿过油箱盖时，需用绝缘套管将其与接地油箱绝缘。1 kV 以下采用实心瓷套管，10～35 kV 采用空心充气式充油瓷套管，110 kV 以上采用电容式套管。

2.2.3　变压器额定值

额定值是选用变压器的依据，包括额定容量、额定电压和额定电流。

（1）额定容量 S_N：变压器的视在功率。单位为伏安（V·A）或千伏安（kV·A）。对三相变压器是指三相的总容量。

（2）额定电压 U_N：额定电压单位为伏（V）或千伏（kV）。规定当变压器一次侧外加额定电压 U_{1N} 时，二次侧的空载电压即二次侧额定电压 U_{2N}。三相变压器的额定电压是指线电压。

（3）额定电流 I_N：额定容量除以各绕组的额定电压所计算出来的电流值，单位为安（A）或千安（kA）。三相变压器的额定电流是指线电流。

单相变压器一次侧额定电流为

$$I_{1N} = \frac{S_N}{U_{1N}}$$

二次侧额定电流为

$$I_{2N} = \frac{S_N}{U_{2N}}$$

三相变压器一次侧额定电流为

$$I_{1N} = \frac{S_N}{\sqrt{3}U_{1N}}$$

二次侧额定电流为

$$I_{2N} = \frac{S_N}{\sqrt{3}U_{2N}}$$

（4）额定频率 f_N：我国的标准工频规定为 50 Hz。

在变压器的铭牌上还标注有相数、接线图、额定运行效率、阻抗和温升等。

2.2.4　三相变压器

目前各国电力系统均采用三相制，因此实际应用最广泛的变压器是三相变压器。三相变压器在对称负载运行时，各相电压、电流大小相等，相位相差 120°，各相参数也相同。所以，对三相变压器的研究只需取其一相按单相变压器进行分析即可。本节讨论三相变压器的一些特殊问题：磁路、电路、连接组以及它们对电动势波形的影响。最后讨论变压器的并联运行问题。

1. 三相变压器的磁路系统

三相变压器按磁路可分为三相变压器组和三相心式变压器两类。三相变压器组由三台单相变压器组成，各相磁路彼此独立，每相的主磁通 Φ 各沿自己的磁路闭合，彼此之间的磁路系统无关，如图 2.2.7 所示。当原方外加对称的三相电压时，三相的空载电流对称，因而三相的主磁通也是对称的。

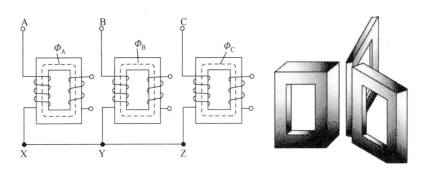

图 2.2.7　三相变压器组的磁路

三相心式变压器的铁心结构是由三相变压器组的铁心合并得到的，结构如图 2.2.8 所示。在图 2.2.8（a）中，中间的铁心柱的磁通是三相磁通的矢量和。由于三相磁通是对称的，该和等于零，所以可以将中间的铁心柱去掉变成图 2.2.8（b）。为了使结构简单、便于制造，可以把三相铁心布置在一个平面上，如图 2.2.8（c）所示，这就是常见的三相心式变压器铁心。舰船上的三相变压器多采用这种型式。

显然，三相心式变压器的各相磁路彼此相关，且三相的磁路长短不相等，其中中间 B 相的磁路较短，两边的 A、C 磁路较长，因此 A、C 相的磁阻比 B 相大。当外加电压为对称三相电压时，三相励磁电流不是完全对称的。由于中间相的磁阻较小，与其他两相相比，较小的励磁电流就可以获得相同大小的主磁通。但是当变压器额定运行时，励磁电流远小于负载电流，它的不对称对变压器负载运行的影响可以略去不计。

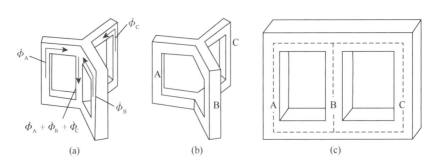

图 2.2.8　三相心式变压器的磁路

2. 三相变压器的电路系统与连接组

1）三相变压器的绕组接法

变压器绕组连接中，首端和末端的标志规定见表 2.2.1。

表 2.2.1　变压器出线标志

绕组名称	单相变压器		三相变压器		中点
	首端	末端	首端	末端	
高压绕组	A	X	A、B、C	X、Y、Z	N
低压绕组	a	x	a、b、c	x、y、z	n

三相变压器的各侧绕组，我国一般采用三角形连接和星形连接两种，连接形式如图 2.2.9 所示。

  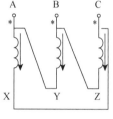

　(a) Y形接法　　　　　　(b) D形接法AX-BY-CZ　　　　(c) D形接法AX-CZ-BY

图 2.2.9　三相绕组连接方法

通常将三角形接法记为 D 形接法，星形接法记为 Y 形接法。变压器的高压侧、低压侧的绕组的组合形式可以是 Yyn、Yd、YNd 和 Dd。大写表示高压绕组接法，小写表示低压绕组接法，N 或 n 是星形接法的中点标志。

2）三相变压器的连接组

多台变压器并联运行时，除了要知道一、二次侧绕组的连接方法，还要知道一、二次侧绕组线电势之间的相位关系。变压器的连接组就是用来反映上述相位关系的。

在单相变压器中，原、副方绕组所交链的磁通变化时，根据右手螺旋定则，其感应电势如图 2.2.10 所示，图 2.2.10（a）中高压侧绕组感生电势 $\dot{E}_{AX}$ 和低压侧绕组感生电势 $\dot{E}_{ax}$ 具有相同的相位，因此 A、a 为同名端（或称同极性端），用"*"号标记。图 2.2.10（b）中高压侧绕组感生电势 $\dot{E}_{AX}$ 和低压侧绕组感生电势 $\dot{E}_{ax}$ 的相位相反，因此 A、a 为异名端，A、x 为同名端。

以高压侧绕组的电势为钟表的长针，且始终指向 12 点，低压侧绕组的电势为钟表的短针，则图 2.2.11（a）对应时间为 0 点钟，表示为 I/I.0，而图 2.2.11（b）对应时间为 6 点钟，表示为 I/I.6。I/I 表示高、低压侧都是单相绕组，后面的阿拉伯数字是连接的组号，表示变压器的高压侧电势和低压侧电势的相位关系，I/I.6 表示低压侧电势滞后高压侧电势 180°。这种表示变压器高压侧和低压侧电势相位关系的方法称为时钟表示法。

图 2.2.10　单相变压器同名端判别

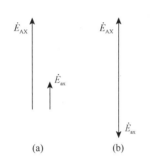

图 2.2.11　单相变压器高、低压绕组感应电势的相位关系

对于三相变压器，连接组号的规定与单相变压器相似，它是由高压侧绕组线电势和对应低压侧绕组线电势的相位差决定的，与以下因素有关：三相绕组的连接方式是 Y 连接还是 D 连接；同一铁心柱上一、二次侧绕组的同名端是否同为首端；同一铁心柱的高、低压绕组是否同相。下面通过实例对三相变压器连接组的特点进行分析。

（1）Y, y0 连接组。

Y, y0 连接组表示高压侧绕组和低压侧绕组均为星形连接，高压侧绕组线电势和对应低压侧绕组线电势的相位差为零。

图 2.2.12（a）是 Y, y0 连接组的绕组连接图，原方和副方绕组均为星形连接，首端为同名端，相应的相（如 A 相和 a 相）绕在同一铁心柱上。下面通过相量图来分析这种情况下 $\dot{E}_{AB}$ 和 $\dot{E}_{ab}$ 的相位差是否为零，步骤如下：

①作出高压侧相、线电动势的相量图，如图 2.2.12（b）所示。

②画出低压侧相、线电动势相量，因为同名端皆为首端，所以低压侧的各相电势与高压侧相应相的电势同相位。

③判断线电动势 $\dot{E}_{AB}$ 和 $\dot{E}_{ab}$ 的相位差为 0°，因此连接组号为 Y, y0。

(a) 连接图　　　　　　　　(b) 相量图

图 2.2.12　Y, y0 连接组

根据国际电工委员会推荐的标准，将低压侧电压三角形与高压侧电压三角形的中心重合，而用它们的中线代替对应的线电势，对应中线之间的夹角就是两线电势相量之间的相位差。如图 2.2.12（b）所示，以 $\overline{OA}$ 作为分针对齐 12 点，$\overline{Oa}$ 为时针，它们的夹角为 0°，所以连接组号为 Y, y0。

（2）Y, d11 连接组。

Y, d11 连接组表示高压侧绕组为星形连接，低压侧绕组为三角形连接，低压侧绕组线电势相位滞后对应高压侧绕组线电势 30°。

图 2.2.13（a）为 Y, d11 连接组的绕组连接图，原方绕组为星形连接，副方绕组均为三角形连接，首端为同名端，相应的相（如 A 相和 a 相）绕在同一铁心柱上。下面通过相量图来分析这种连接方式下 $\dot{E}_{ab}$ 是否滞后 $\dot{E}_{AB}$ 30°，步骤如下：

①作出高压侧相、线电动势的相量图 $\triangle ABC$，如图 2.2.13（b）所示。

②根据同名端关系，画出低压侧相、线电动势相量 $\triangle abc$，同样为了易于比较，将低压侧电压三角形与高压侧电压三角形的中心重合。

③以 $\overline{OA}$ 作为分针对齐 12 点，$\overline{Oa}$ 为时针，$\overline{Oa}$ 滞后 $\overline{OA}$ 30°，所以连接组号为 Y, d11。

(a) 连接图　　　　　　　(b) 相量图

图 2.2.13　Y, d11 连接组

（3）其他连接组。

无论是 Y, y 连接，还是 Y, d 连接，如果一次侧的三相标法不变，而将二次侧三相标法进行轮换，如 b→a、c→b、a→c、y→x、z→y、x→z，或者改变同名端，就可以得到其他连接组号。总体来说，Y, y 连接法可得 2、4、6、8、10、12 六个偶数连接组，Y, d 连接法可得 1、3、5、7、9、11 六个奇数连接组。

（4）标准组别。

变压器的连接组别有多种，为了便于制造和并联运行方便，我国国家标准规定只生产其中 Y, yn0、Y, d11、YN, d11、YN, y0 和 Y, y0 等五种，其中前三种最常见。Y, yn0 连接组二次侧可以引出中线，称为三相四线制，用作配电变压器时可兼带照明和动力负载；Y, d11 连接组用在二次侧电压超过 400 V 的线路中，此时变压器有一侧接成三角形，对运行有利；YN, d11 连接组主要用于高压输出线路中，使电力系统的高压侧有可能接地；YN, y0 连接组用于一次侧的中点需要接地的场合；Y, y0 连接组用于一般的动力负载。

2.3 异步电机基本原理与结构

2020 年，中车株洲电力机车有限公司与国家能源集团联合研制的全球最大功率"神 24"电力机车在中车株洲电力机车有限公司下线。"神 24"电力机车有 6 节编组，长 106 m，有 16 项技术创新，最高运行速度 120 km/h，电力机车组功率 28 800 kW、牵引力 2 280 kN，再次刷新轨道交通装备的世界纪录。这是我国铁路重载技术创新的重大突破，也是我国装备制造业自主创新的重大成果。异步电机是电力机车中的关键电气设备之一，可以实现电能到机械能的转换，在电力拖动中起到了重要作用。

异步电机是一种交流旋转电机，又称感应电机，主要作为电动机使用，是船舶、工农业生产中应用最广泛的一种电机。在船舶电气方面，用于拖动辅助机械运动，如泵机、锚机、自动舵等，在以交流电为主的船舶上，大多数的电力拖动机械都是采用异步电机作为原动机；在工业方面，用于拖动中小型轧钢设备、各种金属切削机床、轻工机械、矿山机械等；在农业方面，用于拖动水泵等。日益普及的家用电器，如电冰箱、空调机等，常采用单相异步电机。

异步电机之所以得到广泛应用，主要由于它有如下优点：结构简单，运行可靠，制造容易，价格低廉，坚固耐用，而且有较高的效率和较好的工作特性。

本节主要讨论三相异步电机的结构、原理、分析方法、运行特性，以及单相异步电机的运行原理。

2.3.1 异步电机的基本工作原理

当异步电机定子绕组接到三相电源上时，定子绕组中将流过三相对称电流，气隙中将建立基波旋转磁动势，从而产生基波旋转磁场，其转速由电网频率和定子绕组的极对数决定：

$$n_1 = \frac{60 f_1}{p} \qquad (2.3.1)$$

这个基波旋转磁场在短路的转子绕组（若是鼠笼型绕组，则其本身就是短路的；若是绕线型绕组，则可以通过电刷短路）中感应电动势并在转子绕组中产生相应的电流，该电流与气隙中的旋转磁场相互作用，从而产生电磁转矩。由于这种电磁转矩的性质与转速大小相关，下面将分三个不同的转速范围来进行讨论。

为了描述转速，引入转差率（s）的概念。转差率定义为同步转速 n_1 与转子转速 n 之差 $n_1 - n$ 对同步转速 n_1 之比：

$$s = \frac{n_1 - n}{n_1} \qquad (2.3.2)$$

当异步电机的负载发生变化时，转子的转差率随之变化，使得转子导体的电势、电流和电磁转矩发生相应的变化，因此异步电机转速随负载的变化而变化。按转差率的正负、大小，异步电机可分为电动机、发电机、电磁制动三种运行状态。

异步电机的额定值如下：

（1）额定功率 P_N，指电动机在额定运行时轴上输出的机械功率。

（2）额定电压 U_N，指电动机在额定情况下运行时，施加在定子绕组上的线电压。有的电机铭牌上标有两个电压，如 220/380 V，这表示定子绕组接成三角形时，额定电压为 220 V，接成星形时额定电压为 380 V。

（3）额定电流 I_N，指电动机在额定运行时定子绕组的线电流值。

（4）额定频率 f_N，我国电网频率为 50 Hz。

（5）额定转速 n_N，指额定负载时电机的转速。

对于三相异步电机，有

$$P_N = \sqrt{3}U_N I_N \eta_N \cos\varphi_N \tag{2.3.3}$$

式中，η_N 为额定运行时的效率；$\cos\varphi_N$ 为额定运行时的功率因数。

三相异步电机定子绕组可以接成星形或三角形。

除了上述各项外，铭牌上还有电机的绝缘等级、额定温升和工作方式等，铭牌数据是选择和使用电机的重要参考数据。

2.3.2　异步电机的结构

异步电机主要由静止的定子和转动的转子两大部分组成，定子和转子之间有一个很小的气隙，此外还有端盖、轴承和通风装置等，如图 2.3.1 所示。

图 2.3.1　异步电机剖面图

1-定子铁心；2-定子绕组；3-转子铁心；4-转子绕组；5-机座；6-风扇罩；7-风扇；8-接线盒；9-轴；10-端盖

1. 定子

异步电机的定子由定子铁心、定子绕组和机座三部分构成，定子结构如图 2.3.2 所示。

(a) 定子铁心　　　　　　　　　　　(b) 定子叠片

图 2.3.2　异步电机的定子结构

1）定子铁心

定子铁心是异步电机主磁通磁路的一部分，装在机座中。为了减小交变磁场在定子铁心中引起的损耗，定子铁心一般采用导磁性能良好、表面涂绝缘漆的硅钢片叠装而成。

在定子铁心内圆，均匀地冲有许多形状相同的槽，用以嵌放定子绕组。小型异步电机通常采用半闭口槽和由高强度漆包线绕成的单层绕组，线圈与铁心之间垫有槽绝缘。半闭口槽可以减少主磁路的磁阻，使励磁电流减小。而且槽口较小还可以减小气隙磁场的脉振，从而减小电机中的附加损耗。但半闭口槽嵌线不方便。中型异步电机通常采用半开口槽。大型高压异步电机都用开口槽，以便于嵌线。为了得到较好的电磁性能，中、大型异步电机都采用双层短距绕组。异步电机的定子槽形如图 2.3.3 所示。

(a) 半闭口槽　　　　　　(b) 半开口槽　　　　　　(c) 开口槽

图 2.3.3　异步电机的定子槽形

2）定子绕组

定子绕组是异步电机定子部分的电路，其作用是感应电动势，流过电流，实现机电能量转换。定子绕组由许多线圈按一定规律连接而成。对于容量较小的电机，绕组由高强度漆包圆铜线（或铝线）绕成。而中、大容量的异步电机绕组可用玻璃丝包扁铜线绕制。线圈放入槽内必须与槽壁之间隔有槽绝缘。槽内定子绕组的导线用槽楔紧固，槽楔采用竹、胶木板或环氧玻璃布板等非磁性材料。

3）机座

机座的作用主要是固定和支撑定子铁心。如果是端盖轴承电机，还要支撑电机的转子。因此，机座应有足够的机械强度和刚度。对中、小型异步电机，常用铸铁机座；大型电机一般采用钢板焊接的机座，整个机座和座式轴承都固定在同一个底板上。

2. 转子

异步电机的转子由转子铁心、转子绕组和转轴组成。转子铁心也是主磁路的一部分，一般由 0.5 mm 厚的硅钢片叠成，转子铁心固定在转轴或转子支架上。整个转子的外表呈圆柱形。转子绕组分为鼠笼型和绕线型两类。

1）鼠笼型绕组

鼠笼型绕组是一个自行闭合的绕组，它由插入每个转子槽中的导条和两端的环形端环构成，如果去掉铁心，整个绕组形如一个"圆笼"，因此称为鼠笼型绕组（图 2.3.4）。为节约用铜和提高生产率，小型笼型电机一般都用铸铝转子；对中、大型电机，由于铸铝质量不易保证，故采用铜条插入转子槽内，再在两端焊上端环的结构。

图 2.3.4　鼠笼型绕组

鼠笼型异步电机结构简单，制造方便，是一种经济、耐用的电机，所以应用极广。

2）绕线型绕组

绕线型转子的槽内嵌有用绝缘导线组成的三相绕组，绕组的三个出线端接到设置在转轴上的三个集电环上，再通过电刷引出，如图 2.3.5 所示。这种转子的特点是，可以在转子绕组中接入外加电阻，以改善电机的起动和调速性能。绕线型异步电机的剖面图如图 2.3.6 所示。

图 2.3.5　绕线型异步电机接线示意图

图 2.3.6　绕线型异步电机剖面图

与鼠笼型转子相比较，绕线型转子结构稍复杂，价格稍贵，因此只在要求起动电流小且起动转矩大，或需要调速的场合下使用。

3. 气隙

异步电机定子与转子之间自然形成了一个很小的气隙，它是异步电机磁路的一部分，对电机运行性能影响很大。显然，气隙大则磁阻大，要产生同样大小的旋转磁场就需较大的励磁电流，使电机的功率因数变小。因此，为了降低电机的空载电流，提高电机的功率因数，气隙应尽可能小。然而，气隙过小会使装配困难，运行不可靠。另外，气隙稍大也有其有利的一面，磁阻大可减小磁场的谐波含量，从而可减小附加损耗，改善起动性能。因此，在设计时应兼顾各方面的要求。通常中小型异步电机的气隙为 0.2～1.5 mm。

2.3.3　三相异步电动机的起动

1. 异步电动机起动的要求

异步电动机投入电网，电动机从静止状态（$n=0$，$s=1$）转动起来，升速并达到稳定转速运行的过程，称为起动过程。起动过程中，电流处于过渡过程，电动机在加速，转矩为动态转矩平衡。此时，异步电动机对电网呈现短路阻抗 Z_k，流过它的稳态电流称为起动电流。利用简化等效电路，并忽略励磁支路，则异步电动机的起动电流（相电流）为

$$I_{st} = \frac{U_1}{\sqrt{(R_1+R_2')^2+(X_{1\sigma}+X_{2\sigma}')^2}} = \frac{U_1}{Z_k} \tag{2.3.4}$$

一般鼠笼型异步电动机的 $Z_k^* = 0.14～0.25$，在额定电压（$U_1^*=1$）下直接起动，$I_{st}^*=4～7$，即起动电流倍数 $k_I = \frac{I_{st}}{I_N} = 4～7$。

根据异步电动机的 T 型等效电路，由于转子转速等于零，转差率 $s=1$，模拟电阻 $\frac{1-s}{s}R_2'=0$。因为 $Z_1 \approx Z_2'$，故 $E_1 \approx \frac{1}{2}U_1$，$\phi_m \approx \frac{1}{2}\phi_{mN}$。

转子回路功率因数很低，为

$$\cos\varphi_2 = \frac{R_2'}{\sqrt{R_2'^2+X_{2\sigma}'^2}} \approx 0.25～0.4$$

由上述各式可得，一般鼠笼型异步电动机直接起动时，起动电流很大，而起动转矩并不大，起动转矩倍数 $k_{st}=0.9～1.3$。

起动电流大还会造成如下影响：一方面使电源电压在起动时下降，特别是电源容量较小时电压下降更大；另一方面，大的起动电流会在线路和电动机内部产生损耗而引起发热。

起动转矩必须大于负载转矩才可能起动，起动转矩越大，加速越快，起动时间越短。

异步电动机在起动时，电网对异步电动机的要求与负载对它的要求往往是矛盾的。电网从减小它所承受的冲击电流出发，要求异步电动机起动电流尽可能小，但太小的起动电流所产生的起动转矩又不足以起动负载；而负载要求起动转矩尽可能大，以缩短起动时间，但大的起动转矩伴随着大的起动电流又可能不为电网所接受。

所以，异步电动机对起动的主要要求如下：
（1）要有足够大的起动转矩，即需要的起动转矩倍数足够大；
（2）起动电流在允许范围内，通常按电网的容量和工作条件，给定允许起动电流倍数；
（3）起动时间合适和尽可能平滑起动；
（4）起动能耗小，设备可靠、经济，操作方便。

　　由于转子结构的不同，鼠笼型异步电动机和绕线型异步电动机的起动方法也不相同，下面将分别介绍。

　　2. 鼠笼型异步电动机的起动

　　对于不同容量、负载性能的鼠笼型异步电动机，可以采用不同的起动方法。

　　1）直接起动

　　直接起动适用于小容量电动机带轻载的情况。起动时，把电动机的定子绕组直接接通额定电压的电网。直接起动的优点是操作和起动设备都很简单，缺点是起动电流很大。对于经常起动的电动机，起动时引起的母线电压压降不大于 10%；对于偶尔起动的电动机，此压降不大于 15%。确定这一压降的依据如下：

　　（1）假设电网电压降至额定电压的 85%，待起动的电动机的起动转矩为

$$\frac{T_{\mathrm{st}}}{T_{\mathrm{stN}}} = 0.85^2 = 0.723$$

等于额定电压起动转矩 T_{stN} 的 72.3%，对于轻载起动，可以满足要求。

　　（2）假设电网上其他电动机最大转矩倍数 $k_{\mathrm{M}} \geqslant 1.6$，则当电网电压降至额定电压的 85% 时，它们的电磁转矩为

$$T_{\max} = 1.6 \times 0.85^2 T_{\mathrm{emN}} = 1.156 T_{\mathrm{emN}}$$

　　因此，这些电动机仍能拖动额定负载，不至于停转。对于额定电压为 380 V 的电动机，当 $P_{\mathrm{N}} \leqslant 7.5\,\mathrm{kW}$ 时，可以直接起动。

　　2）降压起动

　　当电网容量不够大而不能采用直接起动时，用降低电压的方法来减小起动电流，称为降压起动。降压起动适用于容量大于或等于 20 kW 并带轻载的工况。由于轻载，电动机起动时电磁转矩很容易满足负载要求，要解决的主要问题是起动电流大，电网难以承受过大的冲击电流，所以必须降低起动电流。

　　在研究起动时，可以用短路阻抗 $R_k + \mathrm{j}X_k$ 来等效异步电动机。电动机的起动电流（即流过 $R_k + \mathrm{j}X_k$ 上的电流）与端电压成正比，而起动转矩与电动机端电压的平方成正比，这就是说起动转矩比起动电流降得更快。降压之后在起动电流满足要求的情况下，还要校核起动转矩是否满足要求。

　　常用的降压起动方法有三种：定子串电抗（或电阻）起动；自耦变压器起动；Y-Δ 起动。

　　（1）定子串电抗起动。

　　定子串三相对称电抗起动的电路如图 2.3.7 所示。起动时接触器开关 C_1 断开，接触器开关 C_2 闭合，将电抗串入定子绕组，通过起动电流在电抗上产生压降，使加在定子绕组的相电压从 U_1 减小为 U_1'，从而使起动电流从直接起动的 I_{st} 减小为 I_{st}'。待转速基本稳定时再合上开关 C_1 将电抗切除。

　　图 2.3.8 是直接起动和定子串电抗起动的等效电路图，因为起动时定子电流远远大于励磁电流，所以忽略了励磁支路，图中短

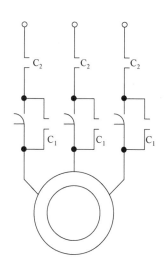

图 2.3.7　鼠笼型异步电动机
定子串电抗起动

路电阻 $R_k = R_1 + R_2'$ ，短路电抗 $X_k = X_{1\sigma} + X_{2\sigma}'$ 。假设串电抗后，定子绕组的输入电压降为原来的 $U_1'/U_1 = 1/a$ ，则起动电流和起动转矩与直接起动相比关系如下：

$$\frac{I_{st}'}{I_{st}} = \frac{U_1'/Z_k}{U_1/Z_k} = \frac{1}{a}$$

$$\frac{T_{st}'}{T_{st}} = \frac{U_1'^2}{U_1^2} = \frac{1}{a^2}$$

（2.3.5）

(a) 直接起动 (b) 定子串电抗起动

图 2.3.8　鼠笼型异步电动机直接起动和定子串电抗起动简化等效电路图

也就是说，通过定子串电抗把起动电流降为原来的 $1/a$ ，则起动转矩将降至原来的 $1/a^2$ ，所以此法只能用于空载或轻载起动。

也可以用电阻代替电抗，但是用电阻降压起动时，由于电阻消耗较多电能，很不经济。

（2）自耦变压器起动。

鼠笼型异步电动机采用自耦变压器起动是在起动时利用自耦变压器把电网电压降低后再加到电动机上，待转速基本稳定时再把电动机直接接到电网上，其接线原理如图 2.3.9 所示。

电动机起动时，接触器开关 C_2 断开，接触器开关 C_1 闭合，将自耦变压器三相绕组接入电源，其二次侧抽头接电动机，使电动机降压起动。当转速接近正常运行转速时，将 C_1 断开，C_2 闭合，自耦变压器脱离电网，将全压加在电动机定子绕组上，电动机进入正常运行状态。

图 2.3.9　自耦变压器起动电路图

采用自耦变压器起动时，等效电路如图 2.3.10（a）所示。而异步电动机在全压下直接起动时等效电路如图 2.3.10（b）所示。两图虚框中短路阻抗 $R_k + jX_k$ 代表起动时的异步电动机的等效阻抗。对比图 2.3.10（a）、（b）得到如下关系：

$$\frac{U_X}{U_1} = \frac{1}{a}$$

（2.3.6）

$$\frac{I_X}{I_{st}} = \frac{1}{a}$$

（2.3.7）

在自耦变压器中，忽略励磁电流时，一、二次侧电流关系为 $I_X/I_{st}' = a$ ，故有

$$\frac{I'_{st}}{I_{st}} = \frac{I'_{st}}{I_X}\frac{I_X}{I_{st}} = \frac{1}{a^2} \qquad (2.3.8)$$

$$\frac{T'_{st}}{T_{st}} = \left(\frac{U_X}{U_1}\right)^2 = \frac{1}{a^2} \qquad (2.3.9)$$

(a) 自耦变压器降压起动　　　　(b) 直接起动

图 2.3.10　异步电动机的起动等效电路

　　由上述分析可知，采用自耦变压器起动时，电动机的起动转矩、起动电流为全压直接起动的$1/a^2$。国产的自耦变压器一般有三个抽头可供选择，分接电压分别为额定电压的 55%、64%、75%，其 a 值分别为 1.82、1.56、1.33。

　　（3）星形-三角形起动（Y-Δ 起动）。

　　Y-Δ 起动只适用于正常运行时定子绕组接成三角形的电动机，其接线原理如图 2.3.11 所示。Y-Δ 起动器结构非常简单，就是一个三刀双掷开关，图中的开关打向右边时，电动机的三相定子绕组接成星形，电动机开始起动。当电动机接近稳定转速后，开关打向左边，定子绕组接成三角形。

图 2.3.11　Y-Δ 起动接线图

如果额定电压下直接起动，定子三角形接法，如图 2.3.12（a）所示，相电压等于 U_N，起动相电流设为 I_{stN}，电网电流即线电流为 $I_{st\Delta}=\sqrt{3}I_{stN}$；用星形起动时，电路如图 2.3.12（b）所示，定子线电压为 U_N，则定子绕组相电压为 $U_N/\sqrt{3}$，定子相电流为 $I_{stN}/\sqrt{3}$，此时相电流等于线电流，即星形起动的电网起动电流 $I_{stY}=I_{stN}/\sqrt{3}$。由此可见，换接为星形接法起动时的电网起动电流 I_{stY} 与直接三角形接法起动时的电网起动电流 $I_{st\Delta}$ 之比为

$$\frac{I_{stY}}{I_{st\Delta}}=\frac{I_{stN}/\sqrt{3}}{\sqrt{3}I_{stN}}=\frac{1}{3} \qquad (2.3.10)$$

即 Y-Δ 起动使电网起动电流减小到直接起动的 1/3；由于起动转矩与相电压的平方成正比，所以起动转矩也减小到 $(1/\sqrt{3})^2=1/3$，有

$$\frac{T_{stY}}{T_{st\Delta}}=\frac{1}{3} \qquad (2.3.11)$$

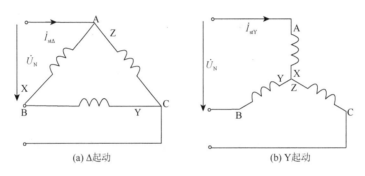

图 2.3.12 Y-Δ 起动电路图

由此可见，Y-Δ 起动电网起动电流与起动转矩都降低同样倍数，效果相当于电压比 $K_A=\sqrt{3}$ 的自耦变压器起动。它比自耦变压器起动所用的附加设备少，操作也较简便，所以现代生产的小型异步电动机常采用这种方法起动，为此常常把定子绕组设计成三角形连接。

2.3.4 三相异步电动机的调速

异步电动机具有结构简单、价格低廉、运行可靠、维护方便等优点，但在调速性能上比不上直流电动机。为了提高异步电动机的调速性能，人们已研制出各种各样的异步电动机的调速方式，并广泛应用于各个领域。根据异步电动机的速度公式

$$n=(1-s)n_1=\frac{60f_1}{p}(1-s) \qquad (2.3.12)$$

可知异步电动机的调速方式有三种：
（1）变极调速（改变 p）；
（2）变频调速（改变 f_1）；
（3）改变转差率 s 调速。

1. 变极调速

1）变极原理

变极调速适用于鼠笼型转子异步电动机，因为鼠笼型转子的极对数能自动地随着定子极对数的改变而改变，使定、转子磁场的极对数总是相等而产生平均电磁转矩。当电源频率 f_1 一定时，改变极对数，同步转速 $n_1 = 60f_1 / p$ 就发生变化。显然，变极调速只能做到一级级地改变转速，而不是平滑调速。

要使定子具有两种极对数，可用双绕组变极，这不经济，为了提高材料利用率，理想的是只装一套定子绕组，即通过改变一套绕组的连接方式而得到不同极对数的磁动势，以实现变极调速。改变绕组接法的方法有多种方案，图 2.3.13 和图 2.3.14 是 2/4 极反向法倍极调速的连接方法。

(a) 绕组连接方式1　　　　(b) 绕组连接方式2　　　　(c) 磁场分布

图 2.3.13　$p = 1$ 时的绕组连接和相应的磁场分布图

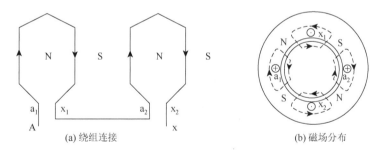

(a) 绕组连接　　　　　　　(b) 磁场分布

图 2.3.14　$p = 2$ 时的绕组连接和相应的磁场分布图

由图 2.3.13 和图 2.3.14 可见，反向法倍极的单绕组变极的方法是把 60° 相带双层绕组中所有反接线圈组（即负相带构成的线圈组）都改为顺接，以使其电流反向，则变为极数比原来多一倍的 120° 相带绕组。显然，倍极后空间电角度增大了一倍，B 相落后 A 相从 120° 电角度增大为 240°（即超前 120° 电角度）。因此，如果两种接法的三相电流相序不变，则两种接法的旋转磁场转向将相反，随之变极后电动机变为反转。为使变极后电动机的转向不改变，应在变极时把接至电动机的三根电源线对调其中两根。还可看出，变极前后绕组系数也变了，从而电动机性能也有变化，这是设计者要认真协调的。

2）Y-YY 接法

Y-YY 接法如图 2.3.15 所示。Y 接法时，每相中的两个半绕组正向串联，如图 2.3.15（a）

所示，极对数为 $2p$，同步转速为 n_1。YY 接法时，两个半绕组反向并联，如图 2.3.15（b）所示，极对数为 p，同步转速为 $2n_1$。

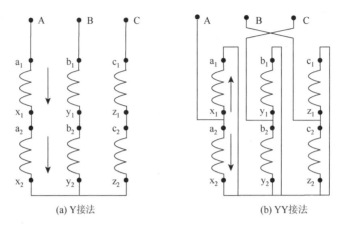

(a) Y接法　　　　　　　　　　(b) YY接法

图 2.3.15　异步电动机 Y-YY 变极调速接线

设两个半绕组的参数相等，分别为 $R_1/2$、$R_2'/2$、$X_{1\sigma}/2$、$X_{2\sigma}'/2$。Y 接时两者正向串联，每相参数是半相绕组的 2 倍，为 R_1、R_2'、$X_{1\sigma}$、$X_{2\sigma}'$；YY 接时两个半绕组反向并联，每相参数是半相绕组的 $1/2$，为 $R_1/4$、$R_2'/4$、$X_{1\sigma}/4$、$X_{2\sigma}'/4$。两种接法时，定子相数相同，设为 m_1，每相电压 $U_1 = U_N/\sqrt{3}$。根据异步电动机电磁转矩的参数表达式，Y 接时电动机的最大电磁转矩为

$$T_{\text{maxY}} = \frac{m_1^2 p U_1^2}{4\pi f_1 \left[R_1 + \sqrt{R_1^2 + (X_{1\sigma} + X_{2\sigma}')^2} \right]} \qquad (2.3.13)$$

YY 接时电动机的最大电磁转矩为

$$T_{\text{maxYY}} = \frac{m_1 p U_1^2}{4\pi f_1 \left[\dfrac{R_1}{4} + \sqrt{\left(\dfrac{R_1}{4}\right)^2 + \left(\dfrac{X_{1\sigma} + X_{2\sigma}'}{4}\right)^2} \right]} = 2T_{\text{maxY}} \qquad (2.3.14)$$

Y 接时电动机的临界转差率为

$$s_{\text{mY}} = \frac{R_2'}{\sqrt{R_1^2 + (X_{1\sigma} + X_{2\sigma}')^2}} \qquad (2.3.15)$$

YY 接时电动机的临界转差率为

$$s_{\text{mYY}} = \frac{R_2'/4}{\sqrt{\left(\dfrac{R_1}{4}\right)^2 + \left(\dfrac{X_{1\sigma} + X_{2\sigma}'}{4}\right)^2}} = s_{\text{mY}} \qquad (2.3.16)$$

Y 接时电动机的起动转矩为

$$T_{\text{stY}} = \frac{m_1^2 p U_1^2 R_2'}{2\pi f_1 \left[(R_1 + R_2')^2 + (X_{1\sigma} + X_{2\sigma}')^2 \right]} \qquad (2.3.17)$$

YY 接时电动机的起动转矩为

$$T_{\mathrm{stYY}} = \frac{m_1 p U_1^2 R_2' / 4}{2\pi f_1\left[\left(\dfrac{R_1 + R_2'}{4}\right)^2 + \left(\dfrac{X_{1\sigma} + X_{2\sigma}'}{4}\right)^2\right]} = 2T_{\mathrm{stY}} \qquad (2.3.18)$$

根据以上数据可以绘出 Y-YY 变极调速的机械特性曲线，如图 2.3.16 所示。

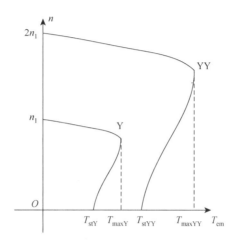

图 2.3.16　异步电动机 Y-YY 变极调速机械特性曲线

3）Δ-YY 接法

Δ-YY 接法如图 2.3.17 所示。Δ 接时，每相中的两个半绕组正向串联，三相为三角形接法，如图 2.3.17（a）所示，极对数为 $2p$，同步转速为 n_1。YY 接时，两个半绕组反向并联，如图 2.3.17（b）所示，极对数为 p，同步转速为 $2n_1$。

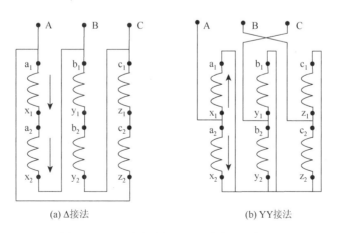

(a) Δ接法　　　　　　　　　　　(b) YY接法

图 2.3.17　异步电动机 Δ-YY 变极调速接线

两种接法时，每相参数与 Y-YY 接法时相同。需要注意的是，Δ 接时每相电压 $U_{1\Delta} = U_{\mathrm{N}}$，而 YY 接时每相电压 $U_{1YY} = U_{\mathrm{N}} / \sqrt{3}$。利用前面的假设与推导方法，可得最大转矩为

$$T_{\text{maxYY}} = \frac{2}{3} T_{\text{max}\Delta} \qquad (2.3.19)$$

临界转差率为

$$s_{\text{mYY}} = s_{\text{m}\Delta} \qquad (2.3.20)$$

起动转矩为

$$T_{\text{stYY}} = \frac{2}{3} T_{\text{st}\Delta} \qquad (2.3.21)$$

根据以上数据绘出的机械特性曲线如图 2.3.18 所示。

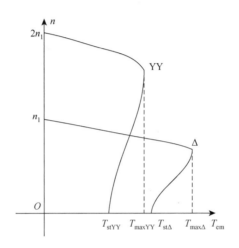

图 2.3.18　异步电动机 Δ-YY 变极调速机械特性曲线

变极调速方法简单，运行可靠，机械特性较硬，但只能实现有级调速。单绕组三级调速电机绕组的接法已经相当复杂，故变极调速不宜超过三种速度。

2. 变频调速

异步电动机的转速 $n = 60f_1(1-s)/p$，当转差率变化不大时，转速近似正比于频率 f_1，可见改变电源频率就能改变异步电动机的转速。改变电源频率时，电动机的同步转速和转子转速将随之变化。若电源频率可以连续调节，则电动机的转速就可以连续、平滑地调节。

变频调速时可以从基频（额定频率）向上或向下调节，调节的方法不同，下面分别进行阐述。

1）由基频向下调速

在变频调速时，总希望主磁通 Φ_{m} 基本保持不变；这样，磁路的饱和程度、励磁电流和电动机的功率因数均可基本保持不变。当忽略定子的漏阻抗压降时，有

$$U_1 \approx E_1 = 4.44 f_1 N_1 k_{\text{N1}} \Phi_{\text{m}}$$

故要保持 Φ_{m} 不变，应使定子端电压与频率成比例地调节，即 $U_1/f_1 =$ 定值。最大电磁转矩为

$$T_{\text{max}} = \frac{m_1 p U_1^2}{4\pi f_1 (X_{1\sigma} + X'_{2\sigma})} = \frac{m_1}{2\Omega_1} \frac{U_1^2}{X_{1\sigma} + X'_{2\sigma}} = k\frac{U_1^2}{f_1^2}$$

式中，$k = \dfrac{m_1 p}{8\pi^2 (L_{1\sigma} + L'_{2\sigma})}$。故若能使 $U_1 / f_1 =$ 定值，则最大电磁转矩就将保持不变。

最大电磁转矩所对应的临界转差率为 $s_m = \dfrac{R'_2}{X_{1\sigma} + X'_{2\sigma}} \propto \dfrac{1}{f_1}$，则最大电磁转矩处的转速降为

$$\Delta n_m = s_m \cdot n_1 = \frac{n_1 R'_2}{X_{1\sigma} + X'_{2\sigma}} = \frac{60 f_1}{p} \cdot \frac{R'_2}{2\pi f_1 (L_{1\sigma} + L'_{2\sigma})} = \frac{60 R'_2}{2\pi p (L_{1\sigma} + L'_{2\sigma})} = \text{常数}$$

综上可知，由基频向下变频调速中，若保持 $U_1 / f_1 =$ 定值，则最大电磁转矩 T_{max} 不变，且机械特性的工作段相互平行，硬度相同，如图 2.3.19 所示。

若进一步忽略调频前、后通风情况的变化，则上述调速方案将允许同样大小的转子电流，因而具有同样的额定转矩，所以这是一种接近于恒转矩的调速方案。

2）由基频向上调速

由基频向上调速时如果也要保持磁通恒定，则定子电压就要高于额定电压，这是不允许的。因此，只能保持电压为额定值不变，随着频率 f_1 升高，气隙磁通将减小，相当于直流电动机的弱磁调速。

由基频向上调速时，最大电磁转矩为

$$T_{max} = \frac{m_1 p U_1^2}{4\pi f_1 (X_{1\sigma} + X'_{2\sigma})} \propto \frac{1}{f_1^2}$$

临界转差率 $s_m = \dfrac{R'_2}{X_{1\sigma} + X'_{2\sigma}} \propto \dfrac{1}{f_1}$，最大电磁转矩时的转速降为

$$\Delta n_m = s_m \cdot n_1 = \frac{n_1 R'_2}{X_{1\sigma} + X'_{2\sigma}} = \frac{60 f_1}{p} \cdot \frac{R'_2}{2\pi f_1 (L_{1\sigma} + L'_{2\sigma})} = \frac{60 R'_2}{2\pi p (L_{1\sigma} + L'_{2\sigma})} = \text{常数}$$

因此，由基频向上变频调速时，最大转矩 T_{max} 减小，但 Δn_m 不变，如图 2.3.20 所示。

图 2.3.19　异步电动机由基频向下变频调速机械特性曲线

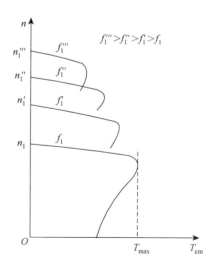

图 2.3.20　异步电动机由基频向上变频调速机械特性曲线

综上所述，异步电动机变频调速有以下特点：①由基频向下调速，在保持 $U_1 / f_1 =$ 定值时，

是恒磁通调速；由基频向上调速，电压保持额定值不变，是弱磁调速；②机械特性曲线的工作段基本平行，特性曲线较硬，调速范围宽，稳定性好；③运行时转差率 s 小，效率高；④频率连续可调，可实现无级调速，调速平滑性好。

异步电动机的变频调速从调速范围、平滑性、调速前后电机的性能等方面来看具有较大的优势，但需要专门的变频电源。近年来，由于变频技术的发展，变频装置的价格不断下降，性能不断提高，异步电动机变频调速系统已有取代直流电动机调速系统的趋势。

3. 改变转差率调速

改变转差率调速的共同特点是：在调速过程中均产生大量的转差功率，并消耗在转子电路上，使转子发热。除串级调速，调速的经济性都较差。常用的改变转差率调速方法有：

（1）改变定子电压调速；

（2）转子回路串变阻器调速；

（3）电磁转差离合器调速；

（4）串级调速。

本节主要介绍前面两种方法。

1）改变定子电压调速

用定子绕组串联电阻或电抗器的方法，或者用一套调压电源，都可改变定子绕组电压 U_1，实现变压调速。

如图 2.3.21 所示，当定子绕组端电压由 U_1 降低为 U_2 时，其 $T_{em} \propto U_1^2$ 跟着减小为 T'_{em}，如果总负载转矩 $T_2 + T_0$ 不变，则转速由 n 降为 n'，工作点由 A 点变为 B 点。如果继续降低电压到 U_3，则工作点将变为 C 点。

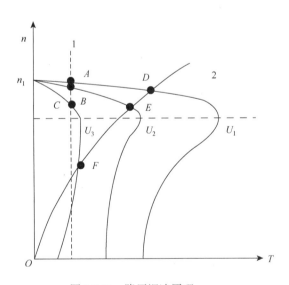

图 2.3.21　降压调速原理

1-恒转矩负载；2-风机和泵类负载

如果负载为恒转矩负载，显然变压调速最大调速范围为 $0 \sim s_m$，调速范围很窄；若所带为风机类负载（$T'_2 \propto n^2$），如图 2.3.21 中的曲线 2，则调速范围显著扩大，但要注意，此时电动机可能出现过流问题。这种调速方法，在有无级调压电源时，是平滑调速；在串电抗调速时是有级调速。

为了改善降低定子电压调速的性能，扩大调速范围，可综合运用降压调速和变极调速，用变极调速实现粗调，用降压调速实现细调，见图 2.3.22。这样既扩大了调速范围，提高了调速的平滑性，又可使降压调速避免在高转差率下运行，减少转差损耗。其缺点是控制装置及定子绕组的接线比较复杂。

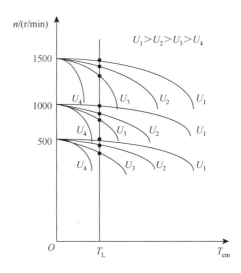

图 2.3.22　异步电动机变极降压调速的机械特性曲线

2）转子回路串变阻器调速

改变绕线型异步电动机转子回路串入电阻的大小，即可改变电动机的转速，其机械特性曲线如图 2.3.23 所示。显然，所串电阻越大，转速越低。对恒转矩负载，稳定运行时电磁转矩不变，根据电磁转矩公式，有

$$\frac{R_2}{s} = \frac{R_2 + R_\Omega}{s'} \tag{2.3.22}$$

故转子串电阻前后功率因数为

$$\cos\varphi_2' = \frac{\dfrac{R_2 + R_\Omega}{s'}}{\sqrt{\left(\dfrac{R_2 + R_\Omega}{s'}\right)^2 + X_{2\sigma}^2}} = \frac{\dfrac{R_2}{s}}{\sqrt{\left(\dfrac{R_2}{s}\right)^2 + X_{2\sigma}^2}} = \cos\varphi_2 \tag{2.3.23}$$

异步电动机的电磁功率、总机械功率和转差功率（即转子铜耗）之比为

$$P_{em} : P_{mec} : P_{cu2} = 1 : (1-s) : s \tag{2.3.24}$$

带恒转矩负载时，电磁转矩和同步转速都不变，因此电磁功率 P_{em} 不变，这种调速方式通过消耗转差功率实现转速的调节。当 s 增大时，消耗在转子上的转差功率增大。低速时，s 大，电机的效率迅速下降，电机发热严重。

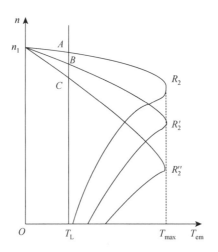

图 2.3.23   异步电动机转子回路串变阻器调速的机械特性曲线

由于这种调速方法在低速下运行时机械特性软，负载转矩稍有变化即会引起转速较大的波动，稳定性不好，所以调速范围不宽，负载较小时，调速范围更小。此外，该方法只能分级调节转速，且级数不可能太多，故调速平滑性较差。

转子串电阻调速的优点是设备简单，初期投入较小，调速与起动电阻可共用。通常多用于周期性断续工作方式、低速运行时间不长、调速性能要求不高的场合，如用于桥式起重机。

2.4 同步电机基本原理与结构

同步电机也是交流电机的一种。普通同步电机与异步电机的根本区别是转子侧（特殊结构时也可以是定子侧）装有磁极并通入直流电流励磁，因而具有确定的极性。由于定转子磁场相对静止及气隙合成磁场恒定是所有旋转电机稳定实现机电能量转换的两个前提条件，同步电机的运行特点是转子的旋转速度与定子磁场的旋转速度严格同步，并因此而得名。

同步电机主要用作发电机，世界上的电力几乎全部都由同步发电机发出。同步电机也可作为电动机运行，其特点是可以通过调节励磁电流来改变功率因数。

在船舶上，同步发电机是交流电站的主要组成部分。电站向全船电气设备供电，供电不仅要求能不间断，而且还要求有良好的供电质量，即供电的电压和频率都必须稳定。

2.4.1 同步电机的基本工作原理

本节以同步发电机为例来说明同步电机的基本工作原理。图 2.4.1 是一台两极三相同步发电机，它的定子三绕组用空间互差 120°的三个线圈 AX、BY 和 CZ 来表示，当原动机拖动转子以转速 n 旋转且励磁绕组中通以直流电时，转子旋转磁场将在这三个线圈中感应出交流电势 e_A、e_B 和 e_C。由于三相线圈的匝数相等，故三相电势的有效值相等。又由于它们的位置在空间互差 120°电角度，假设转子转向为 A—B—C，当磁极旋转到 A 相轴线的位置 ［图 2.4.1（a）］时，A 相感应电势为零；经过 120°电角度，磁极将旋转到 B 相轴线的位置，B 相将为零；再经过 120°电角度，C 相为零。因此，三相感应电势在时间相位上互差 120°。此外，三相感应电势的频率相等，皆为 $f = pn/60$。三相感应电势的波形如图 2.4.1（b）所示。

(a) 同步电机的模型　　　　　　　　　　　　　(b) 三相感应电势

图 2.4.1　同步发电机的工作原理

2.4.2　同步电机的结构

按照结构形式，同步电机可以分为旋转电枢式和旋转磁极式两类。前者的电枢装在转子上，主磁极装在定子上，这种结构在小型同步电机中得到一定的应用。对于高压、大型的同步电机，通常用旋转磁极式结构。由于励磁部分的容量和电压常比电枢小得多，把主磁极装在转子上，电刷和集电环的负载就大为减轻。目前，旋转磁极式结构已成为中、大型同步电机的基本结构形式。

在旋转磁极式电机中，按照主磁极的形状，又可分为隐极式和凸极式，如图 2.4.2 所示。隐极式转子做成圆柱状，气隙均匀；凸极式转子有明显的凸出的磁极，气隙不均匀。对于高速的同步电机（3000 r/min），从转子机械强度和妥善地固定励磁绕组考虑，采用励磁绕组分布于转子表面槽内的隐极式结构较为可靠。对于低速电机（1000 r/min 及以下），转子的离心力较小，故采用制造简单、励磁绕组集中安放的凸极式结构较为合理。

(a) 隐极式　　　　　　　　　　　　　　　(b) 凸极式

图 2.4.2　旋转磁极式同步电机的类型

大型同步发电机通常采用汽轮机或水轮机作为原动机来拖动，前者称为汽轮发电机，后者称为水轮发电机。因为汽轮机是一种高速原动机，所以汽轮发电机一般采用隐极式结构。水轮机则是一种低速原动机，所以水轮发电机一般都是凸极式结构。同步电动机、用内燃机拖动的同步发电机及同步补偿机，大多做成凸极式，少数两极的高速同步电动机也有做成隐极式的。

同步电机与其他旋转电机一样，主要由定子和转子两部分组成。

1. 定子

定子主要由定子铁心、定子绕组、机座和端盖等构成。同步电机的定子如图 2.4.3 所示。

图 2.4.3 同步电机的定子

1）定子铁心

定子铁心用 0.5 mm 厚、表面涂绝缘漆的硅钢片叠装而成。定子铁心内圆冲出一定形状的槽，用于嵌放定子绕组。定子铁心厚度每达 3～5 cm 时，就要留 1 cm 作为通风槽用。

2）定子绕组

定子绕组的作用、要求、结构形式与三相异步电动机定子绕组相同，一般采用三相双层短距绕组。

3）机座

机座用厚钢板焊接而成，用于固定定子铁心，要有足够的强度和刚度。

4）端盖

端盖的作用是轴承外圈的轴向定位，还能起到防尘和密封的作用。

2. 转子

根据结构的不同，转子分为隐极式和凸极式两种。

1）隐极式转子

隐极式同步电机的转子如图 2.4.4 所示。

图 2.4.4　隐极式同步电机的转子

（1）转子铁心。

转子铁心是汽轮发电机最关键的部件之一，也是电机磁路的主要组成部分。它高速旋转时承受着很大的机械应力，故采用整块具有高机械强度和良好导磁性能的合金钢锻体。沿转子转轴方向，在转子铁心表面铣一定数量的槽，以便放置励磁绕组。槽的形状有两种，一种为辐射形排列，另一种为平行排列，我国生产的发电机多采用辐射形槽。

（2）励磁绕组。

励磁绕组用矩形的扁铜线制成同心式线圈，各匝之间及线圈与铁心间均有绝缘。

（3）其他部件：护环、中心环、滑环和风扇。

护环是一个厚壁金属圆筒，用于保护励磁绕组的端部，使之不因离心力而甩出。中心环用于支撑护环并阻止励磁绕组端部轴向移动。滑环装在转子轴上，通过电刷将励磁电流引进励磁绕组。同步电机的风扇能够将电机在运行过程中产生的部分热量带出机外，有利于电机冷却。

2）凸极式转子

凸极式转子有明显的磁极，主要由转轴、磁极、磁轭、励磁绕组、滑环和阻尼绕组等组成。由于稀土永磁材料的问世，目前中、小型同步电机有趋势采用永磁式转子，它结构简单，功率因数高，高效节能。凸极式同步电机的转子如图 2.4.5 所示，磁极与绕组结构如图 2.4.6 所示。

图 2.4.5　凸极式同步电机的转子

图 2.4.6　凸极式同步电机的磁极与绕组结构

2.4.3 同步电机的额定值

同步电机的额定值主要有以下数据。

额定电压 U_N：电机额定运行时定子的线电压，单位为 V 或 kV。

额定电流 I_N：电机额定运行时定子的线电流，单位为 A。

额定功率因数 $\cos\varphi_N$：电机额定运行时的功率因数。

额定效率 η_N：电机额定运行时的效率。

额定容量 $S_N = \sqrt{3}U_N I_N$：对于发电机，是出线端额定视在功率，单位为 V·A、kV·A；对于调相机，为线端额定无功功率，单位为 var、kvar。

额定功率 P_N：对于发电机，为额定输出有功功率，单位为 W 或 kW。

$$P_N = S_N \cos\varphi_N = \sqrt{3}U_N I_N \cos\varphi_N \tag{2.4.1}$$

对于电动机，是轴上输出的额定机械功率：

$$P_N = S_N \cos\varphi_N \eta_N = \sqrt{3}U_N I_N \cos\varphi_N \eta_N \tag{2.4.2}$$

此外，铭牌上还有额定频率 f_N(Hz)、额定转速 n_N(r/min)、额定励磁电流 I_{fN}(A)、额定励磁电压 U_{fN}(V)。

2.4.4 同步发电机的运行特性

同步发电机的运行特性包括外特性、调节特性和效率特性等。从这些特性中可以确定发电机的电压调整率、额定励磁电流和额定效率，这些都是标志同步发电机性能的基本数据。

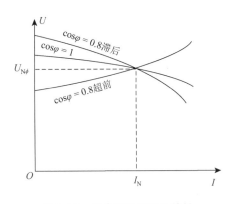

图 2.4.7 同步发电机的外特性

1. 外特性

外特性表示当发电机的转速为同步转速，且励磁电流和负载功率因数不变时，发电机的端电压与电枢电流（负载电流）之间的关系，即当 $n = n_1$、$I_f =$ 常值、$\cos\varphi =$ 常值时，$U = f(I)$。

图 2.4.7 为带有不同功率因数的负载时，同步发电机的外特性。由图可见，在感性负载和纯电阻负载时，外特性是下降的，这是由电枢反应的去磁作用和漏阻抗压降引起的。在容性负载且内功率因数角超前时，电枢反应的增磁作用和容性电流的漏抗电压使端电压上升，外特性是上升的。

从外特性可以求出发电机的电压调整率。调节发电机的励磁电流，使电枢电流为额定电流、功率因数为额定功率因数、端电压为额定电压，此励磁电流 I_{fN} 称为发电机的额定励磁电流。然后保持励磁电流为 I_{fN}，转速为同步转速，卸去负载（$I = 0$），此时端电压升高的百分值即同步发电机的电压调整率，用 Δu 表示，即

$$\Delta u = \frac{E_0 - U_{N\phi}}{U_{N\phi}}\bigg|_{I_f = I_{fN}} \times 100\% \tag{2.4.3}$$

凸极式同步发电机的 Δu 通常在 18%～30% 以内；隐极式同步发电机由于电枢反应较强，Δu 通常在 30%～48% 内。

2. 调节特性

调节特性表示发电机的转速为同步转速、端电压为额定电压、负载的功率因数不变时，励磁电流与电枢电流之间的关系，即当 $n = n_1$、$U = U_N$、$\cos\varphi = $ 常值时，$I_f = f(I)$。

图 2.4.8 为带有不同功率因数的负载时，同步发电机的调节特性。由图可见，在感性负载和纯电阻负载时，为补偿电枢电流所产生的去磁性电枢反应和漏阻抗压降，随着电枢电流的增加，必须相应地增加励磁电流，此时调节特性是上升的。而对于容性负载，因负载电流的增磁作用，调节特性是下降的。从调节特性可以确定额定励磁电流 I_{fN}。

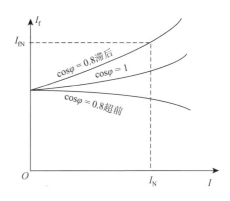

图 2.4.8 同步发电机的调节特性

3. 效率特性

效率特性是指转速为同步转速、端电压为额定电压、功率因数为额定功率因数时，发电机的效率与输出功率的关系，即当 $n = n_1$、$U = U_N$、$\cos\varphi = \cos\varphi_N$ 时，$\eta = f(P_2)$。

同步电机的基本损耗包括电枢基本铁耗 p_{Fe}、电枢基本铜耗 p_{Cu}、励磁损耗 p_{Cuf} 和机械损耗 p_{mec}。电枢基本铁耗是指主磁通在电枢铁心齿部和轭部中交变所引起的损耗。电枢基本铜耗是换算到基准工作温度时，电枢绕组的直流电阻损耗。励磁损耗包括励磁绕组的基本铜耗、变阻器内的损耗、电刷的电损耗以及励磁设备的全部损耗。机械损耗包括轴承、电刷的摩擦损耗和通风损耗。杂散损耗包括电枢漏磁通在电枢绕组和其他金属结构部件中所引起的涡流损耗、高次谐波磁场掠过主极表面所引起的表面损耗等。总损耗 $\sum p$ 求出后，效率即可确定：

$$\eta = \left(1 - \frac{\sum p}{P_2 + \sum p}\right) \times 100\% \tag{2.4.4}$$

现代空气冷却的大型水轮发电机，额定效率在 96%～98.5% 内；空冷汽轮发电机的额定效率在 94%～97.8% 内；氢冷时，额定效率约可提高 0.8%。图 2.4.9 是国产 300MW 双水内冷水轮发电机的效率特性。

4. 空载特性

空载特性指转子转速 $n = n_N$，且电机空载 $I = 0$ 时，端电压与励磁电流之间的关系，即 $U = E_0 = f(I_f)$。

用实验测定空载特性时，由于磁滞现象，当励磁电流 I_f 从零增大到某一最大值，再由此值减小到零时，将得到上升和下降两条曲线，一般采用从 $U_0 \approx 1.3 U_N$ 开始直至 $I_f = 0$ 的下降曲线。图 2.4.10 中 $I_f = 0$ 时的电动势为剩磁电动势。延长曲线与横轴相交，交点的横坐标绝对值 Δi_{f0} 作为校正量。在所有实验测得的励磁电流数据上加上此值，得通过原点的校正曲线，把它作为电机的空载特性，如图 2.4.10 所示。

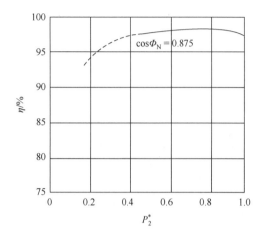

图 2.4.9　300 MW 双水内冷水轮发电机的效率特性

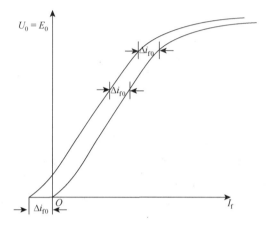

图 2.4.10　空载特性的校正

空载特性可用实际值绘制，也可用标幺值绘制。后者取额定电压 U_N 作为电势的基值，取空载额定电压时的励磁电流 I_{f0} 作为励磁电流的基值。

2.4.5　同步发电机的并联运行

在发电厂中，一般都是多台发电机并联运行，而更大的电力系统必然是多个发电厂的发电机同时并联运行，或者说，发电机都是与电网并联运行的。同样，在舰船上，为了保证不间断供电，提高电源的生命力，至少装有两台的主发电机，这些发电机可以单独运行供电，也可以根据战斗和航行的需要进行并联供电；此外，在换用发电机时，为使供电不间断，也需要将发电机暂时并联，进行负载转移。因此，大多数发电机都是运行于并联状态的。

1. 并联接入条件

如图 2.4.11 所示，两台同步发电机准备并联运行。1 号发电机已经在向电网供电，现在需

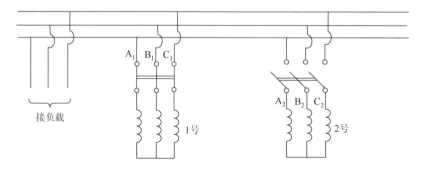

图 2.4.11　两台同步发电机准备并联运行

要把 2 号发电机并联上去。2 号发电机在接入并联时应满足哪些条件呢？对于同步发电机，为使接入并联时对电网毫无影响，这就要求 2 号发电机各相的电势与电网各相的电压相等。

图 2.4.12　两台发电机并联运行的电路图

在图 2.4.12 的电路中，标出了电网电压 $\dot{U}$、2 号发电机相电势 $\dot{E}_{20}$。显然，并联时应使电压差 $\Delta\dot{U} = \dot{E}_{20} - \dot{U} = 0$，否则，开关 K 合闸后，会出现环流 $\dot{I}_k$，若电压差较大，则过大的环流可能危害电机的安全。也就是说，当 2 号发电机并联接入时，它的电势和电网电压必须相等，即 $\dot{E}_{20} = \dot{U}$。这一关系用瞬时值表示为

$$u = \sqrt{2}U\sin(2\pi f_1 + \theta_1) \tag{2.4.5}$$

$$e_{20} = \sqrt{2}E_{20}\sin(2\pi f_2 + \theta_2) \tag{2.4.6}$$

要使 $e_{20} = u$，则必须使两发电机电压大小相等，频率相同，相位一致。此外，考虑到电机有三相绕组，两个发电机相序应该相同。

由此得出同步发电机并联接入的条件如下：

（1）电压相等，即发电机的空载电动势有效值和电网电压的有效值相等；

（2）频率相等，即 $f_2 = f_1$；

（3）相位一致，即 $\dot{E}_{20}$ 和 $\dot{U}$ 应相位相同；

（4）相序一致，即两台发电机的相序必须一致。

2. 并联接入方法

把同步发电机调整到满足并联条件，然后接入并联，这种方法称为整步方法。

检查同步发电机是否满足第一个并联条件，即电压是否相等，可以用配有转换开关的电压表测量发电机电压和电网电压，然后根据测量结果调整待接入发电机的励磁电流，使发电机的电压等于电网电压。

对于其他三个并联条件，可以用同步指示灯来检查。同步指示灯由三个灯泡构成，它们的连接方法有两种，一种为暗灯法，另一种为旋转灯光法，下面分别说明这两种方法的线路、检查方法和原理。

1）暗灯法

暗灯法线路如图 2.4.13 所示，将三个灯泡接在待并发电机和电网相应的各相上。

先设相序一致，且电压相等这两个条件已满足。这时若待并发电机的频率和电网频率不相等，则三只灯泡将会同时周期性地发亮和熄灭，且频率差越大，闪烁越快。对此，可用相量图来分析。如图 2.4.14 所示，加于 A 相灯泡两端电压 $\Delta\dot{U}_1 = \dot{U}_{A2} - \dot{U}_{A1}$（B、C 相灯泡上的电压与 A 相相等）。因此，在频率不等时，如设 $f_2 > f_1$，即 $\omega_2 > \omega_1$，可以把电网电压的相量星形看成不动，待并发电机的电势相量星形以 $\omega_2 - \omega_1$ 旋转。由图可知，相量 $\dot{U}_{A1}$ 和 $\dot{U}_{A2}$ 末端的连线即 $\Delta\dot{U}_1$。因此，随着电势相量星形不断旋转，加于灯泡上的电压也随之不断变化。当相量 $\dot{U}_{A1}$ 和 $\dot{U}_{A2}$ 相位相差 180° 时，$\Delta\dot{U}_1$ 最大，灯最亮。当两个相量星形重合时，$\Delta\dot{U}_1$ 为零，灯全暗。由此可见，相量 $\dot{U}_{A2}$ 相对于 $\dot{U}_{A1}$ 转过一圈，三个灯泡由暗变亮，再由亮变暗，闪烁一次。当灯光闪烁很快时，说明频率差较大，应调节待并发电机转速。当 $f_2 = f_1$ 时，灯光不再闪烁。

图 2.4.13　暗灯法线路图

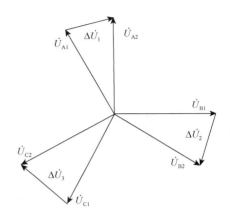

图 2.4.14　暗灯法时序相量图

实际操作时，很难达到而且也并不需要使 f_2 与 f_1 完全相等，只要调整 f_2 接近 f_1 就可以了。这时灯光闪烁很慢，待灯光全部变暗时，说明两者相位相同，即可合闸将待并发电机接入并联。

在合闸的瞬间，虽然发电机电压与电网电压差 $\Delta u \approx 0$，从而保证了合闸时没有明显的电流冲击，但是由于 f_2 并未与 f_1 绝对相等，合闸后 Δu 又会增大起来。但是，正是 Δu 的存在所产生的自整步作用，能够使电机最终同步运行，即满足 $f_2 = f_1$ 的并联运行条件。具体分析如下。

合闸后，并网发电机的端电压用 $\dot{U}_2$ 表示，电网电压用 $\dot{U}_1$ 表示，为了分析简洁，只画出其中一相电压之间的相量关系。设 $f_2 > f_1$，如图 2.4.15（a）所示，则合闸后 $\dot{U}_2$ 将超前于 $\dot{U}_1$。显然 $\Delta \dot{U}$ 将在发电机和电网之间产生环流 $\dot{I}_h$。由于同步电抗远大于电阻，故忽略电阻，$\dot{I}_h$ 滞后 $\Delta \dot{U}$ 约 $90°$，也滞后于 $\dot{U}_2$。因此，对于并网发电机，它用作发电运行，向电网输出电功率，它的轴上将承受一个制动性质的电磁转矩，这个制动转矩使发电机的转速变慢，频率降低，f_2 很快减小至 $f_2 = f_1$，从而实现同步运行。同理，若 $f_2 < f_1$，如图 2.4.15（b）所示，则合闸后 $\dot{U}_2$ 将滞后于 $\dot{U}_1$。并网发电机此时用作电动运行，轴上承受一个驱动性质的电磁转矩，使之加速而升高频率，直至 $f_2 = f_1$，双方达到一致，满足并联运行条件。

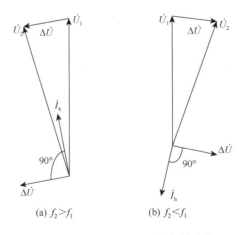

(a) $f_2 > f_1$　　　　(b) $f_2 < f_1$

图 2.4.15　电机投入并联后的自整步作用

这个方法由于要求灯光全暗时接入并联，故称为暗灯法。

2）旋转灯光法

三个灯的接法如图 2.4.16 所示，一个灯接在对应相之间，其余两灯接在不同相之间。

采用这种接法的同步指示灯，当 $f_2 \neq f_1$ 时，三个灯依次轮流亮暗，好像在旋转，所以称为旋转灯光法。f_2 和 f_1 之差越大，灯光旋转越快。当 $f_2 > f_1$ 时，图中的三个灯按照 A—B—C 的顺序依次亮暗；若 $f_2 < f_1$，则三灯按照 A—C—B 的顺序依次亮暗。因此，采用这种方法还可以知道待并发电机的转速是快了还是慢了。并联操作时，调节待并发电机转速，使 f_2 接近 f_1，这时三灯缓慢地轮流亮暗；当 A 相灯熄灭，而 B 相和 C 相灯亮度相同时，迅速合闸将待并发电机接入并联。

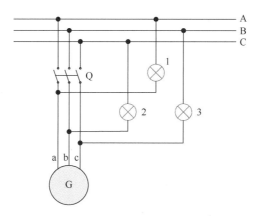

图 2.4.16　旋转灯光法线路图

下面分析旋转灯光法原理。根据图 2.4.17 所示的线路，三个灯所承受的电压分别为 ΔU_1、ΔU_2、ΔU_3。当 $f_2 > f_1$ 时，和前面一样，可以看成 $\dot{U}_{A1}$、$\dot{U}_{B1}$、$\dot{U}_{C1}$ 三个相量不动而 $\dot{U}_{A2}$、$\dot{U}_{B2}$、$\dot{U}_{C2}$ 三个相量以 $\omega_2 - \omega_1$ 角速度旋转。由图 2.4.17 可以看出，三个灯泡上的电压不是同时增大或减小，而是交替变化的，所以三个灯泡交替着亮或暗。为了便于分析，观察灯泡最亮的时刻。在图 2.4.18（a）所示时刻，3 号灯的电压为 2 倍电网相电压，因此它最亮；当变化到图 2.4.18（b）时 1 号灯最亮；到图 2.4.18（c）时 2 号灯最亮。由此可见，三个灯泡最亮的次序为 1—2—3。反之，若 $f_2 < f_1$，则电势的相量星形以 $\omega_1 - \omega_2$ 的角速度顺时针方向

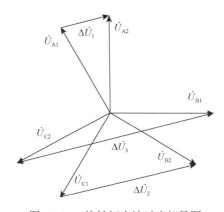

图 2.4.17　旋转灯光法时序相量图

旋转，三个灯泡最亮的次序为 3—2—1。当满足四个并联条件时，此时 1 号灯熄灭，2 号灯和 3 号灯亮度相同。因此，当灯光旋转缓慢，且灯 A 熄灭时即可合闸，并最终由自整步作用牵入同步运行。

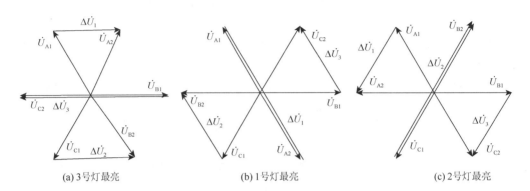

(a) 3号灯最亮　　　　　(b) 1号灯最亮　　　　　(c) 2号灯最亮

图 2.4.18　旋转灯光法的过程分析

　　上面对暗灯法和旋转灯光法的分析都是在假设相序一致的情况下进行的。但在电机检修后线路有变动时，相序是否一致也可由上述同步指示灯检查出来。如果按暗灯法接线，但发现灯光是旋转的，便说明相序反了。反之，如果按旋转灯光法接线，但发现灯光是同时亮暗的，也说明相序反了。这时切不可接入并联，应调换端线使相序一致，再进行并联接入的操作。

　　同步指示灯用的是白炽灯，当电压小于其额定电压的 1/3 时，灯就不亮了。因此，灯暗并不能表明是 $\Delta u = 0$。在舰船上，为了使并联接入的时间更准确，在主配电板上通常装有整步表。整步表轴上有一个可连续旋转的指针，表盘上标有零位和"快""慢"的方向，如图 2.4.19 所示。当待并发电机的频率高于电网频率时，指针向"快"方向旋转，反之向"慢"方向旋转。并联操作时，调整待并发电机的转速，使指针缓慢旋转，当其旋转到接近零位时，迅速合闸接入并联。

图 2.4.19　整步表

第 3 章
直流电机实验

3.1 直流电动机认识实验

3.1.1 实验内容及要求

认识直流电动机结构和基本接线方式，学习并励直流电动机的基本操作方法，掌握直流电动机的调速控制方法。

3.1.2 实验器材及装置

依托 BMEL-IIA 大功率直流电动机系统教学实验装置，涉及的实验模块如表 3.1.1 所示。

表 3.1.1 实验模块 1

序号	型号	名称	备注
1	BMEL-001K	电源控制·转速·转矩测量	
2	BMEL-43K	电枢电源·仪表	
3	BMEL-44K	直流励磁·仪表	
4	BMEL-45K	同步励磁·仪表	可当直流励磁电源使用
5	BMEL-003C	直流机组	
6	BMEL-010K	阻性负载	三相并联（R_1）
7	BMEL-30D	开关箱	

3.1.3 实验步骤

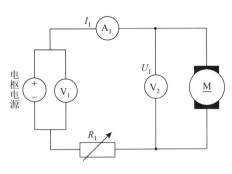

图 3.1.1 冷态直流电阻测试

（1）按图 3.1.1 接线。经检查接线无误后，顺时针调节电阻 R_1 使之最大（三相并联）。直流电压表选用 BMEL-45K 挂箱的直流电压表 V_2，直流安培表选用 BMEL-43K 挂箱的直流电流表 A_1。

（2）BMEL-44K 直流励磁电源的电压调节旋钮逆时针调至最小，接通直流励磁电源的电源开关，建立直流电源。

（3）调节直流励磁电源和电阻 R_1，选取三组便于计算的 U_1、I_1 填入表 3.1.2。电枢电流不要超过 2A（如果电流太大，可能由于剩磁的作用使电机旋转，测量无法进行，如果此时电流太小，可能由于接触电阻产生较大的误差），迅速测取电机电枢两端电压 U_1 和电流 I_1。

（4）将电机转子分别旋转三分之一和三分之二圆周，同样测取 U_1、I_1，填入表 3.1.2。旋转大电机转轴存在一定的危险系数，不建议旋转电机转子。

（5）用实验室配置的万用表测取直流电机电枢电阻。

取三次测量的平均值作为实际冷态电阻值 $R_a = \dfrac{R_{a1} + R_{a2} + R_{a3}}{3}$。

表 3.1.2　冷态直流电阻测试数据集（测量值_____Ω，室温_____℃）

序号	U_1/V	I_a/A	R/Ω		R_a 平均/Ω	R_{aref}/Ω
1			R_{a11}	R_{a1}		
			R_{a12}			
			R_{a13}			
2			R_{a21}	R_{a2}		
			R_{a22}			
			R_{a23}			
3			R_{a31}	R_{a3}		
			R_{a32}			
			R_{a33}			

表 3.1.2 中：

$$R_{a1} = (R_{a11} + R_{a12} + R_{a13})/3$$
$$R_{a2} = (R_{a21} + R_{a22} + R_{a23})/3$$
$$R_{a3} = (R_{a31} + R_{a32} + R_{a33})/3$$

（6）计算基准工作温度时的电枢电阻。由实验测得电枢绕组电阻值，此值为实际冷态电阻值，冷态温度为室温。按下式换算到基准工作温度时的电枢绕组电阻值：

$$R_{aref} = R_a \frac{235 + \theta_{ref}}{235 + \theta_a}$$

式中，R_{aref} 为换算到基准工作温度时电枢绕组电阻（Ω）；R_a 为电枢绕组的实际冷态电阻（Ω）。θ_{ref} 为基准工作温度（℃），对于 E 级绝缘为 75℃；θ_a 为实际冷态时电枢绕组的温度（℃）。

3.1.4　实验注意事项

（1）直流他励电动机起动时，必须保证励磁回路的电流足够大，应先接通励磁电源，使励磁电流达到一定值，同时必须将电枢电压调至足够小，方可接通电枢电源，使电动机正常起动。起动后，将电枢电压调至额定，使电机正常工作。

（2）直流他励电动机停机时，必须先切断电枢电源，然后断开励磁电源。同时必须将电枢电压调到最小值，励磁回路可保持不变，为下次起动做好准备。

（3）测量前注意仪表的量程、极性及其接法，是否符合要求。

3.2　直流电动机起动、调速、反转与制动

直流电动机通过传动机构拖动生产机械构成直流电力拖动系统。因为直流电动机具有较

好的调速性能，可以实现大范围平滑而经济的调速，且调速设备简单、可靠、操作方便，所以直流电力拖动系统应用广泛，特别是在拖动性能要求较高的场合，常常选择直流电力拖动系统。例如，为适应作战任务需要，潜艇航速应有较大的调节范围，如在水下巡航、处于待机阵地或进行水下侦察时，一般低航速，以保持潜艇的隐蔽性和续航力。而在水下欲占领阵位实施鱼雷攻击，则要用高航速，以便及时有效地消灭敌人，并紧急下潜，快速调整站位。潜艇航速的改变，是通过调节推进电机的转速来实现的。本节主要介绍直流电动机起动、调速、反转与制动实验。

3.2.1　实验内容及要求

掌握直流他励电动机改变电枢端电压和改变励磁的调速方法；学习如何改变电动机转向，掌握能耗制动方法；学习并励直流电动机的基本操作方法。

3.2.2　实验器材及装置

依托 BMEL-IIA 大功率直流电动机系统教学实验装置，涉及的实验模块如表 3.2.1 所示。

表 3.2.1　实验模块 2

型号	名称	备注
BMEL-001K	电源控制·转速·转矩测量	
BMEL-43K	电枢电源·仪表	
BMEL-44K	直流励磁·仪表	
BMEL-45K	同步励磁·仪表	可做直流发电机励磁电源用
BMEL-003C	直流机组	
BMEL-30K	开关箱	
BMEL-010K	阻性负载	在此三相电阻并联使用

3.2.3　实验步骤

1. 起动

电压表 V_1 是电枢电源自带仪表，电流表 A_3 是直流励磁电源自带仪表，电流表 A_4 是同步励磁电源自带仪表，转速显示开关切换至直流电动机。

（1）按图 3.2.1 确定接线是否正确，电源、仪表的极性是否正确，电动机励磁回路接线是否牢固。

（2）实验台上电，开启各挂箱电源，即将船形开关置于"ON"，电枢电源、仪表（BMEL-43K）受三相主电源控制，只有绿色按钮"ON"按下，此挂箱才能正常工作。三相电源调压器初始状态若不是在最小位置，主控屏上"调压器未归零"指示灯是亮的，红色及绿色按钮均无效，调压器需手动逆时针拧到底，到达最小位置，指示灯灭，这时才能开启三相电。

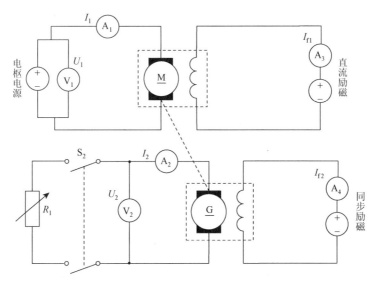

图 3.2.1 直流电动机起动接线原理图

（3）接通 BMEL-44K 直流励磁的电源开关，改变励磁电源调节旋钮，观察电动机 M 的励磁电流值，调节励磁旋钮使 $I_{f1} = 1.56$ A，再接通 BMEL-43K 电枢电源的电源开关，确定电位器逆时针调至最小并按下复位按钮，顺时针缓慢调节电压调节旋钮，使电动机 M 起动。

2. 调速

先将电枢电源电位器旋至最小，励磁电源电位器旋至最大。将可调电阻器调至最大且 S_2 断开（注意：负载电阻采用 BMEL-010K 三组负载并联使用）。

1）改变电枢端电压调速

（1）闭合三相主电源开关，起动直流电动机，将直流电动机励磁电流调至最大，调节直流电动机电枢电源为 440 V，闭合负载开关，调节负载电阻，使电动机的 $U = U_N，I_a = I_N，I_f = I_{fN}$，计算此时的 $T_2 = \_\_\_\_$ N·m。

（2）保持电动机电枢电流不变，即 T_2 不变（可以通过改变发电机励磁电源，稳定 T_2），$I_f = I_{fN}$ 不变，降低电动机电枢两端的电压 U_a，每次测取电动机的端电压 U_a 和转速 n，共取几组数据填入表 3.2.2 中。

表 3.2.2 改变电枢端电压的调速实验数据集（$I_f = I_{fN} = \_\_\_\_\_$ A，$T_2 = \_\_\_\_$ N·m）

U_a/V						
n/(r/min)						

2）改变励磁电流调速

（1）直流电动机起动后，使电动机的 $U = U_N，I_a = I_N$，计算此时的 $T_2 = \_\_\_\_$ N·m。

（2）保持电动机电枢电压 $U = U_N$ 不变，降低电动机励磁电流，转速不能超过 $1.3n_N$，每次测取电动机的 n 和 I_f，共取几组数据填入表 3.2.3 中。

表 3.2.3　改变励磁电流的调速实验数据集（$U = U_N = 440\,V$，$T_2 = \underline{\quad\quad}N\cdot m$）

$n/(\text{r/min})$						
I_f/A						

3. 反转

断开开关 S_2，调节电枢电源输出到零，先断开电枢电源的船形开关，再断开励磁电源的开关，使他励电动机停机，在断电情况下，将电枢或励磁回路的两端接线对调后，再按前述方法起动电动机，观察电动机的转向及转速表的读数。

4. 能耗制动

按图 3.2.2 接线。电压表 V_1 是电枢电源自带仪表，电流表 A_3 是直流励磁电源自带仪表，R_1 采用 BMEL-010K 单相电阻。

图 3.2.2　直流他励电动机能耗制动

（1）将开关 S_1 合向电枢电源端，电枢电源调至最小，励磁电源调至 1.56 A，起动直流电动机。

（2）运行正常后，将开关 S_1 合向中间位置，使电枢开路，电动机处于自由停机状态，记录停机时间。

（3）重复起动电动机，待运转正常后，把 S_1 合向电阻 R_1 端，选择不同的 R_1 阻值，观察对停机时间的影响，记录停机时间。

3.2.4　实验注意事项

（1）直流他励电动机起动时，必须保证励磁回路的电流足够大，应先接通励磁电源，使励磁电流达到一定值，同时必须将电枢电压调至足够小，然后方可接通电枢电源，使电动机正常起动。起动后，将电枢电压调至额定，使电动机正常工作。

（2）直流他励电动机停机时，必须先切断电枢电源，然后断开励磁电源。同时必须将电枢电压调到最小值，励磁回路可保持不变，为下次起动做好准备。

（3）测量前注意仪表的量程、极性及其接法，是否符合要求。

（4）若要测量电动机的转矩 T_2，必须将同步发电机 G 的励磁电流调整到一个值并保持不变，便于参考计算。

3.2.5　实验报告

（1）减小电枢回路的电枢电压，电机的转速如何变化？减小励磁回路的励磁电流，转速又如何变化？

（2）用什么方法可以改变直流电动机的转向？

（3）他励直流电动机起动时，为什么要先加励磁电源后加电枢电源？

（4）为什么要求直流他励电动机磁场回路的接线要牢靠？

（5）绘出他励电动机调速特性曲线 $n = f(U_a)$ 和 $n = f(I_f)$。分析在恒转矩负载时两种调速电枢电流变化规律以及两种调速方法的优缺点。

（6）能耗制动时间与制动电阻 R_1 的阻值有什么关系？为什么？该制动方法有什么缺点？

3.2.6　思考题

（1）当电动机的负载转矩和励磁电流不变时，为什么减小电枢端电压会引起电动机转速降低？

（2）当电动机的负载转矩和电枢端电压不变时，为什么减小励磁电流会引起转速的升高？

（3）并励电动机在负载运行中，当磁场回路断线时是否一定会出现飞车现象？为什么？

3.3　直流他励电动机特性测定

3.3.1　实验内容及要求

掌握直流电动机工作特性计算方法，研究直流他励电动机的工作特性。

3.3.2　实验器材及装置

依托 BMEL-IIA 大功率直流电动机系统教学实验装置，涉及的实验模块如表 3.3.1 所示。

表 3.3.1　实验模块 3

序号	型号	名称	备注
1	BMEL-001K	电源控制·转速·转矩测量	
2	BMEL-43K	电枢电源·仪表	
3	BMEL-44K	直流励磁·仪表	
4	BMEL-45K	同步励磁·仪表	可做直流发电机励磁电源用
5	BMEL-003C	直流机组	

序号	型号	名称	备注
6	BMEL-30K	开关箱	
7	BMEL-010K	阻性负载	

3.3.3　实验步骤

直流他励电动机的特性测定实验电路如图 3.3.1 所示。V_1 为电枢电源自带电压表，A_3 为直流励磁电源自带电流表，A_4 为同步励磁电源自带电流表。

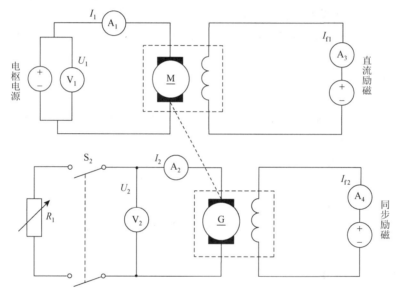

图 3.3.1　直流他励电动机的特性测定

（1）先将励磁电源电位器旋至最大，电枢电源电位器旋至最小。

（2）将可调电阻器调至最大且 S_2 断开（注意：负载电阻采用 BMEL-010K 三组负载并联使用）。

（3）按下 BMEL-001K 电源开关"ON"按钮，先调节电动机励磁（注意：先将直流励磁电源调节至 1.56 A，防止发生电机飞车危险），再缓慢增加电动机电枢电压 $U = 440\,\text{V}$，同时减小电动机励磁电源，使电动机转速在 1500 r/min 且在实验过程中保持不变。

（4）直流电动机正常起动后，合上 S_2 缓慢调节发电机励磁电源至额定值，减小发电机电枢回路的电阻，使电动机达到额定值：$U = U_N$，$I_a = I_N = 9\,\text{A}$，$n = 1500$。记录此时的电动机励磁电流 I_{fN}。

（5）保持 $U = U_N$、$I_{fl} = I_{fN}$ 不变的条件下，减小电动机的负载即先增大发电机电枢回路的电阻 R_1，或减小发电机励磁电源，直到空载。

（6）保持电枢电压 U_N、I_{fN} 不变的情况下，测取电动机电枢电流 I_a、转速 n，共取几组数据填入表 3.3.2 中。

表 3.3.2　直流他励电动机的特性测定实验数据集（$U_1 = U_N = 440\ \text{V}$，$I_f = I_{fN} = \underline{\qquad}\ \text{A}$）

		额定	1	2	3	4	5	6	空载
实验数据	I_a/A								
	$n/(\text{r/min})$								
计算值	P_1/W								
	P_{Cu}/W								
	P_M/W								
	$T/(\text{N}\cdot\text{m})$								
	P_2/W								
	η								

3.3.4　实验报告

（1）计算空载损耗 P_0。空载损耗 P_0 主要由机械损耗 P_{mec}、铁耗 P_{Fe}、附加损耗 P_{ad} 三部分组成。取 S_2 断开后的数据计算空载损耗，此时总损耗由发电机和电动机两部分损耗组成，两者损耗大致相同，故各取一半。

$$R_{\alpha 75℃} = R_\alpha \times \frac{K_\alpha + 75}{K_\alpha + T_O}$$ （铜绕组 $K_\alpha = 235$，室温下的电枢电阻值 r_α 参考实验 3.1）

$$I_{\alpha 0} = I_{1o} \cdot I_{f1o}$$

$$P_o = \frac{1}{2}\left(U_1 \times I_{\alpha 0} - I_{\alpha 0}^2 \times R_{\alpha 75℃}\right)$$

（2）计算各点工作特性参数。计算各点工作特性参数，其中额定工作点计算必须有完整的计算过程。

①输入功率：

$$P_1 = U \times I$$

②电枢铜耗：

$$P_{Cu} = I_\alpha^2 \times r_{\alpha 75℃}$$ （其中 $I_a = I_1 \cdot I_{f1}$）

③电磁功率：

$$P_M = U_1 \times I_\alpha - p_{Cu}$$

④电磁转矩：

$$M = 9.55 \frac{P_M}{n}$$

⑤输出功率：

$$P_2 = P_M - P_o$$

⑥效率：

$$\eta = \frac{P_2}{P_1} \times 100\%$$

（3）作工作特性曲线 I_1、M、n、$\eta = f(P_2)$。

（4）作机械特性曲线 $n = f(T)$。

3.3.5　思考题

（1）当电动机的负载转矩和励磁电流不变时，为什么减小电枢端电压会引起电动机转速降低？

（2）当电动机的负载转矩和电枢端电压不变时，为什么减小励磁电流会引起转速的升高？

（3）并励电动机在负载运行中，当磁场回路断线时是否一定会出现飞车现象？为什么？

3.4　时间原则起动

时间原则就是以时间为控制变量来进行连锁控制或者起停控制等，本节通过时间继电器来控制起动阶段的转换，以直流电动机起动为例介绍时间原则起动方法。

3.4.1　实验内容及要求

熟悉时间原则起动的原理；了解时间原则起动电路的组成及特点；掌握连线规律和操作方法。

3.4.2　实验器材及装置

依托 BMEL-IIA 大功率直流电机系统教学实验装置，涉及的实验模块如表 3.4.1 所示。

表 3.4.1　实验模块 4

型号	名称	备注
BMEL-001K	电源控制·转速·转矩测量	
BMEL-43K	电枢电源·仪表	
BMEL-44K	直流励磁·仪表	
BMEL-003C	直流机组	
BMEL-30D	开关箱	
BMEL-010K	阻性负载	
BMEL-36D	电气组件（一）	
BMEL-36E	电气组件（二）	

3.4.3　实验步骤

图 3.4.1 是一种按时间原则控制直流电动机起动的线路。直流励磁电源（BMEL-44K）给电机励磁线圈和控制电路供电。电枢电源（BMEL-43K）给电机电枢绕组供电。R_1 采用单相电阻（40 Ω），R_2 采用 BMEL-010K 三相负载并联使用。

图 3.4.1　带电流继电器的时间原则起动直流电动机

（1）确定按图 3.4.1 接线是否正确，电源、仪表的极性是否正确，电动机励磁回路接线是否牢固，并确定 BMEL-43K 电枢电源电位器逆时针调至最小，将可调电阻器调至最大，做好起动准备。

（2）开启总电源，按下绿色"闭合"按钮开关，接通 BMEL-44K 直流励磁的电源开关，改变励磁电源调节旋钮，使输出电压为 220 V，再接通 BMEL-43K 电枢电源开关，确定电位器逆时针调至最小并按下复位按钮，顺时针调节电压调节旋钮，电动机电枢电压 $U = 440$ V。

（3）按下 SB_1，KM_1 线圈得电，电枢绕组串电阻起动。通过时间继电器分别控制 KM_2 和 KM_3 接触器。到时间继电器 1 定时时间后，KM_2 线圈闭合时，短接 R_1，电机达到一定的速度后，起动电流也跟着下降。当达到时间继电器 2 定时时间后，又将 R_2 短接。这样，起动过程便结束了。注意观察电动机转速和电流的变化情况。将电流和转速变化记录在表 3.4.2 中。

表 3.4.2　电流和转速变化记录表

I_a/A				
n/(r/min)				

3.4.4　实验注意事项

（1）先弄清楚线路原理，按线路图对照实物弄清楚主触头、辅助触头及每种电器的用途。

（2）为了使接线不乱，先接主电路，再接控制电路，从电源的一端开始，将一条电路中的线圈、电阻、触头一个个串接，直到电源的另一端，再接另一路，依次接完整个电路。

（3）接线时注意选择等位点，不要把很多线头挤在一个接线柱上，应适当将其分开，接在其他等位点上，并将线头拧紧。

（4）线路接好后，每人都应检查一遍，然后经教员检查，同意后方能通电操作。

（5）为了学习分析问题与解决问题的方法，对教员所设的故障，应首先弄清楚故障现象，再按线路动作原理分析，确定故障范围，找出可能的故障点，然后进行排除，反对不加分析硬拼乱找的做法。

（6）不准摆弄无关设备、器材和坐踏机器，做与实验无关的事。

3.4.5　实验报告

（1）画出直流电动机按时间原则起动控制线路图及分析其工作原理。

（2）时间原则起动应用在什么场合，最终目的是控制什么物理量？

3.5　直流发电机电压建立

直流发电机自励建压是指发电机由原动机拖动到一定转速，并处于空载情况下，发电机端将建立一定数额的电压。并励直流发电机的自励建压的条件为：①电机应有剩磁；②励磁绕组接线正确，保证励磁磁通和剩磁磁通方向一致；③励磁回路电阻应当小于临界电阻，以确保电动机有一个恰当的端电压。

本节以并励直流发电机为例，通过实验来理解掌握建压条件和不能建压常见工况的处理方法。

3.5.1　实验内容及要求

熟悉电机实验室的电工设备、器材的使用方法；掌握并励发电机的自励建压条件；通过实验测定发电机的空载特性；熟悉直流电机的铭牌数据，练习发电机的线路连接。

3.5.2　实验器材及装置

依托 BMEL-IIA 大功率直流电机系统教学实验装置，涉及的实验模块如表 3.5.1 所示。

表 3.5.1　实验模块 5

型号	名称	备注
BMEL-001K	电源控制·转速·转矩测量	
BMEL-43K	电枢电源·仪表	
BMEL-44K	直流励磁·仪表	
BMEL-45K	同步励磁·仪表	可做直流发电机励磁电源用
BMEL-003C	直流机组	
BMEL-30D	开关箱	
BMEL-010K	阻性负载	
BMEL-34D	直流仪表	

3.5.3　知识准备

（1）自励建压三条件：剩磁、励磁正反馈、励磁电阻小于临界电阻。
（2）了解并励发电机自励建压过程。
（3）做空载实验时，励磁电流为什么必须单方向调节？

3.5.4　实验步骤

1. 剩磁检测

按图 3.5.1 接线（注：A_1、A_3 选用量程 30 A，A_4 选用量程 4 A、A_2 为仪表自带），将开关 S_1、S_2 断开，直流励磁电源 I_{f1} 调至最大，负载电阻 R_L 调到阻值最大，打开电源开关，先缓慢调节电枢电源电压使 $U_1 = 0.1U_{2N}$，待电机运转平稳后，确保电机转向为正向（如果电机转向反向，需要先停机，然后对调电动机励磁绕组接线，再重新起动电动机），再调节电源电压 U_1 使 $n = n_{2N}$，记录稳定运行时的转速 n 及剩磁电压 U_0 读数。注：U_{1N} 指电动机额定电压，U_{2N} 指发电机额定电压。额定电流、额定功率、额定转速等表示类似，下同。

2. 自励建压

接上一步不停机，将开关 S_2 闭合，观察此时的 U_0 值，若 U_0 绝对值上升，则自励建压成功；否则需要将发电机（注意：不是电动机）励磁绕组接线对调（要求不停机带电操作），然后观察 U_0 是否自励建压成功；自励建压成功后调节 U_1 使 $n = n_{2N}$，记录此时的 U_0 读数。

3. 空载特性

（1）按图 3.5.1 接线，检查电源、仪表的极性是否正确，电动机励磁回路接线是否牢固，断开 S_1、S_2（注意：负载电阻采用 BMEL-010K 三组负载并联使用）做好起动准备。

图 3.5.1　直流并励发电机连接图

（2）开启总电源，按下绿色"闭合"按钮开关，接通 BMEL-44K 直流励磁电源开关，改变励磁电源，观察电动机 M 的励磁电流值，调节励磁旋钮使 I_{f1} = 1.56 A，再接通 BMEL-43K 电枢电源开关，确定电位器逆时针调至最小并按下复位按钮，顺时针缓慢调节电压调节旋钮，使电动机 M 起动。再缓慢增加电动机电枢电压，使电动机转速在 1600 r/min 且在实验过程中保持不变。

（3）从数字转速表上观察电动机旋转方向，若电动机反转，可先停机，将电枢或励磁电源两端接线对调，重新起动，则电动机转向应符合正向旋转的要求。

（4）合上 S_2，按照自励建压方法自励成功后，缓慢调节发电机励磁调节电阻 R_f 直至为零。记录发电机励磁电流与输出电压，填入表 3.5.2。

表 3.5.2　直流并励发电机空载特性实验数据集（ $n = n_N$ = 1600 r/min ）

U_0/V						
I_{f2}/A						

在求取空载特性曲线时，每次操作过程应顺着一个方向改变励磁电流，否则受磁滞影响，而不能获得准确的空载特性曲线。

3.5.5　实验注意事项

（1）接线前，各开关应在断开位置，线路接好后，经教员检查无误，方可起动。

（2）起动直流电动机前应注意发电机励磁电阻必须放在最大位置，电动机电枢电压置于最小位置，励磁电源置于最大位置。

（3）应该正确地操作电动机，直流电动机（原动机）用来带动发电机工作。

（4）起动完毕后转速低于额定值，可以增加电动机励磁电阻，使转速增加至额定值。

（5）求取空载特性时 I_f 不可来回改变。

3.5.6　实验报告

根据空载实验数据，作出空载特性曲线，由空载特性曲线计算出被试电机的饱和系数和剩磁电压的百分数。

3.6　直流发电机运行特性

直流发电机运行时，通常可测得的物理量有端电压 U、负载电流 I、励磁电流 I_f 和转速 n 等。一般情况下，若无特别说明，认为拖动发电机的原动机转速是稳定的，且为额定值。剩下的物理量之间的关系称为发电机的运行特性。

3.6.1　实验内容及要求

掌握用实验方法测定直流发电机的运行特性，并根据所测得的运行特性评定该被测试电机的有关性能。

3.6.2　实验器材及装置

依托 BMEL-IIA 大功率直流电机系统教学实验装置，涉的实验模块如表 3.6.1 所示。

表 3.6.1　实验模块 6

型号	名称	备注
BMEL-001K	电源控制·转速·转矩测量	
BMEL-43K	电枢电源·仪表	
BMEL-44K	直流励磁·仪表	
BMEL-45K	同步励磁·仪表	可做直流发电机励磁电源用
BMEL-003C	直流机组	
BMEL-30D	开关箱	
BMEL-010K	阻性负载	
BMEL-34D	直流仪表	

3.6.3 实验步骤

1. 求取并励发电机的运行特性

1）负载特性

（1）按图 3.5.1 接线，检查电源、仪表的极性是否正确，电动机励磁回路接线是否牢固，断开 S_1、S_2（注意：负载电阻采用 BMEL-010K 三组负载并联使用）做好起动准备。

（2）开启总电源，按下绿色"闭合"按钮开关，接通 BMEL-44K 直流励磁电源的开关，改变励磁电源，观察电动机 M 的励磁电流值，调节励磁旋钮使 $I_{f1} = 1.56$ A，再接通 BMEL-43K 电枢电源开关，确定电位器逆时针调至最小并按下复位按钮，顺时针缓慢调节电压调节旋钮，使电动机 M 起动。再缓慢增加电动机电枢电压，使电动机转速在 1600 r/min 且在实验过程中保持不变，合上 S_2 发电机自励建压成功。

（3）把发电机负载电阻 R_L 调到最大值，先不闭合负载开关 S_1。

（4）调节直流电动机电枢电源或励磁电压，发电机励磁电阻，合上负载开关 S_1，使发电机的 $n = n_N$、$U = U_N$（230 V）、$I = I_N$，记录此时的励磁电流 $I_{f2} = \underline{\quad}$ A（此步骤需反复调整电动机励磁电压、发电机励磁电阻及负载电阻）。

（5）在保持 $n = n_N$ 和 $I = I_{f2}$ 不变的条件下，逐渐增加负载电阻，即减小发电机负载电流，在额定负载到空载运行范围内，每次测量发电机的电压 U 和电流 I，直到空载（断开开关 S_1），共取几组数据，填入表 3.6.2 中。其中额定和空载两点必测。

表 3.6.2　并励发电机负载特性实验数据集（$n = n_N = 1600$ r/min，$I_{f2} = \underline{\quad}$ A）

U/V						
I/A						

2）调整特性

（1）断开发电机负载开关 S_1，调节发电机励磁电压，使发电机空载电压达到额定值（$U_N = 230$ V）。

（2）在保持发电机 $n = n_N$ 的条件下，合上负载开关 S_1，调节负载电阻 R_L，逐次增加发电机输出电流 I，同时相应调节发电机励磁电流 I_{f2}，使发电机端电压保持额定值 $U = U_N$，从发电机的空载至一定负载范围内每次测取发电机的输出电流 I 和励磁电流 I_{f2}，共取几组数据填入表 3.6.3 中。

表 3.6.3　并励发电机调整特性实验数据集（$n = n_N = 1600$ r/min，$U = U_N = 230$ V）

I/A						
I_{f2}/A						

2. 复励发电机的运行特性

如图 3.6.1 所示，V_1 为电枢电源自带仪表，A_1、A_2 量程选用 30 A，A_3 为励磁自带仪表，A_4 量程选用 4 A，V_2 量程选用 500 V。

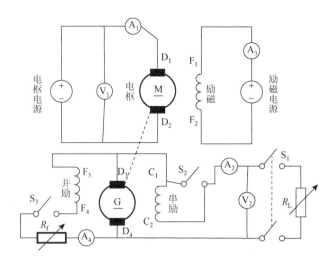

图 3.6.1　直流复励发电机实验

1）积复励和差复励的判别

（1）按图 3.6.1 接线，先合上开关 S_2、S_3，将串励绕组短接，使发电机处于并励状态运行，按上述并励发电机外特性实验方法，调节发电机输出电流 $I = 0.5I_N$，$n = n_N$，$U = U_N$。

（2）打开短路开关 S_2，在保持发电机 n、R_f 和 R_1 不变的条件下，观察发电机端电压的变化，若此电压升高即积复励，若电压降低为差复励，如要把差复励改为积复励，对调串励绕组接线即可。

2）积复励发电机的外特性

实验方法与测取并励发电机的外特性相同。先合上开关 S_1，将发电机调到额定运行点，$n = n_N$，$U = U_N$，$I = I_N$，在保持此时 R_f 和 $n = n_N$ 不变的条件下，逐次减小发电机负载电流，直至 $I = 0$。从额定负载到空载范围内，每次测取发电机的电压 U 和电流 I，共取 6、7 组数据，记录于表 3.6.4 中，其中额定和空载两点必测。

表 3.6.4　积复励发电机的外特性

U/V							
I/A							

3. 他励发电机的运行特性

1）空载特性

如图 3.6.2 所示，电压表 V_1 是电枢电源自带仪表，电流表 A_3 是直流励磁电源自带仪表，电流表 A_4 是同步励磁电源自带仪表。

参照并励发电机实验测试方法测取其空载特性、负载特性及调整特性，并记录数据。

（1）按图 3.6.2 检查接线是否正确，电源、仪表的极性是否正确，电动机励磁回路接线是否牢固，并确定 BMEL-43K 电枢电源电位器逆时针调至最小，将可调电阻器调至最大且 S_2 断开（注意：负载电阻采用 BMEL-010K 三组负载并联使用）做好起动准备。

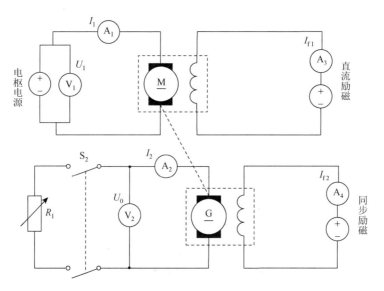

图 3.6.2　直流他励发电机实验

（2）开启总电源，按下绿色"闭合"按钮开关，接通 BMEL-44K 直流励磁电源的开关，改变励磁电源调节旋钮，观察 M 的励磁电流值，调节励磁旋钮使 $I_{f1} = 1.56$ A，再接通 BMEL-43K 电枢电源开关，确定电位器逆时针调至最小并按下复位按钮，顺时针缓慢调节电压调节旋钮，使 M 起动。再缓慢增加电动机电枢电压 $U = 440$ V，同时减小电动机励磁电源，使电动机转速在 1600 r/min 且在实验过程中保持不变。

（3）从数字转速表上观察电机旋转方向，若电机反转，可先停机，将电枢或励磁两端接线对调，重新起动，则电机转向应符合正向旋转的要求。

（4）调节发电机励磁电源，使发电机空载电压达 $U_0 = 1.1 U_N$。

（5）在保持电机额定转速（1600 r/min）条件下（注意：实验中如转速发生变化，应调节电动机励磁电源），从 $U_0 = 1.1 U_N$ 开始，单方向调节，使发电机励磁电流逐次减小，直至 $I_{f2} = 0$（当 $I_{f2} = 0$ 时，测得的电压即发电机的剩磁电压，其值通常为额定的 2%～4%。另外需注意在减小励磁电流时只能单方向调节）。

每次测取发电机的空载电压 U_0 和励磁电流 I_{f2}，只取几组数据，填入表 3.6.5 中，其中 $U_0 = U_N$ 和 $I_{f2} = 0$ 两点必测，并在 $U_0 = U_N$ 附近测点应较密。

表 3.6.5　直流他励发电机的空载特性（$n = n_N = 1600$ r/min）

U_0/V							
I_{f2}/A							

2）负载特性

（1）在空载实验后，把发电机负载电阻 R_1 调到最大值，合上负载开关 S_2。

（2）同时调节直流电动机励磁电压、发电机励磁电源和负载电阻 R_1，使发电机的 $n = n_N$，$U = U_N$（230 V），$I = I_N$，该点为发电机的额定运行点，其励磁电流称为额定励磁电流 $I_{f2N} = \underline{\quad\quad}$ A。

（3）在保持 $n = n_N$ 和 $I_{f2} = I_{f2N}$ 不变的条件下，逐渐增加负载电阻，即减小发电机负载电流，在额定负载到空载运行范围内，每次测取发电机的电压 U 和电流 I，直到空载（断开开关 S_2），共取几组数据，填入表 3.6.6 中。其中额定和空载两点必测。

表 3.6.6　直流他励发电机的负载特性（$n = n_N = 1600 \text{ r/min}$，$I_{f2} = I_{f2N}$）

U/V							
I/A							

3）调整特性

（1）断开发电机负载开关 S_2，调节发电机励磁电压，使发电机空载电压达额定值（$U_N = 230 \text{ V}$）。

（2）在保持发电机 $n = n_N$ 的条件下，合上负载开关 S_2，调节负载电阻 R_1，逐次增加发电机输出电流 I，同时相应调节发电机励磁电流 I_{f2}，使发电机端电压保持额定值 $U = U_N$，从发电机的空载至额定负载范围内每次测取发电机的输出电流 I 和励磁电流 I_{f2}，共取几组数据填入表 3.6.7 中。

表 3.6.7　直流他励发电机的调整特性（$n = n_N = 1600 \text{ r/min}$，$U = U_N = 230 \text{ V}$）

I/A							
I_{f2}/A							

3.6.4　实验注意事项

（1）起动直流电动机时，先加励磁电压，再加电枢电压。

（2）电动机起动前应检查电动机的励磁电阻是否放在最小位置，发电机励磁电阻是否放在最大位置。

（3）接通负载开关 K_1 前必须检查负载电阻是否在最大位置。

（4）在调节时应注意每增加一次负载电流，电动机的转速会有所下降，所以必须同时调节电动机的励磁电阻，以保持 $n = n_N$ 不变。

（5）在实验过程中，励磁电流和电枢电流都不能超过额定值 1.2 倍。

3.6.5　实验报告

（1）绘出他励发电机的外特性曲线，算出电压变化率

$$\Delta U = \frac{U_0 - U_N}{U_N} \times 100\%$$

并分析差异的原因。

（2）绘出他励发电机调整特性曲线，分析在发电机转速不变的条件下，为什么负载增加时，要保持端电压不变，必须增加励磁电流。

3.6.6　思考题

在发电机-电动机组成的机组中，当发电机负载增加时，为什么机组的转速会变低？为了保持发电机的转速 $n = n_N$，应如何调节？

第4章

变压器实验

4.1 变压器同名端辨别及变比测量实验

4.1.1 实验内容及要求

单相和三相变压器辨别端线；测定单相变压器的变压比和变流比。

学习判断单相变压器极性的方法；测定三相变压器的变比和参数；掌握用实验方法判断三相变压器的极性。

4.1.2 实验器材及装置

依托 BMEL-IIA 大功率直流电机系统教学实验装置，涉及的实验模块如表 4.1.1 所示。

表 4.1.1 实验模块 7

型号	名称	备注
BMEL-001K	电源控制·转速·转矩测量	
BMEL-31/2K	交流电压·电流表	
BMEL-33K	功率·功率因数表	
BMEL-35B	旋转指示开关	
BMEL-02	三相变压器	
BMEL-01	变压器	
BMEL-30D	开关箱	
BMEL-010K	负载	

4.1.3 实验步骤

1. 单相变压器端线辨别

（1）熟悉变压器的铭牌数据。

（2）用万用表找出哪两个头属于同套绕组。

（3）同名端测定实验：假定 U 与 u、N 与 n 为同名端，指定高压侧接线端子标识为 U、N，低压侧接线端子标识为 u、n。如图 4.1.1 接线，将 N 与 n 短接，在 U_N 端加 110 V 左右交流电压，用万用表电压挡分别测量 U_1、U_2、U_3。若 $U_3 = U_1 - U_2$，则假定的 U 与 u 是同名端。若 $U_3 = U_1 + U_2$，则假定的 U 与 u 不是同名端，此时将 u、n 标识对调即可。本项实验为验证实验，只需要记录 N、n 短接时的 U_1、U_2、U_3（表 4.1.2），验证 $U_3 = U_1 - U_2$；以及 N 与 u 短接时的 U_1、U_2、U_3，验证 $U_3 = U_1 + U_2$。

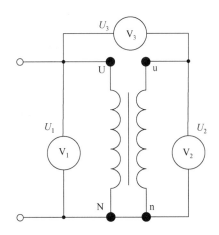

图 4.1.1　单相变压器端线辨别接线图

表 4.1.2　单相变压器端线辨别数据记录表

N、n 短接	U_1/V	U_2/V	U_3/V	计算 U_1-U_2	验证结论
N、u 短接	U_1/V	U_2/V	U_3/V	计算 U_1+U_2	验证结论

通电方法：实验室刚通电，若调压器不是在初始位置，"调压器未归零"灯亮，则手动将调压器调到最小，到达初始位置后，"调压器未归零"灯灭，这时方可对主电源进行闭合断开操作。

2. 三相变压器的原副边极性、相间极性的判断

1）测定高压侧相间极性

（1）按照图 4.1.2 接线，1U1、1U2 间施加约 50% 的额定电压。

（2）用电压表测出电压 $U_{1V1.1V2}$、$U_{1W1.1W2}$、$U_{1V1.1W1}$，若 $U_{1V1.1W1}=|U_{1V1.1V2}-U_{1W1.1W2}|$，则首末端标记正确；若 $U_{1V1.1W1}=|U_{1V1.1V2}+U_{1W1.1W2}|$，则首末端标记不对，须将 V、W 两相任一相绕组的首末端标记对调。

（3）用同样的方法将 V、W 两相中的任一相施加电压。另外两相末端相连，测出每相首、末端正确标记。

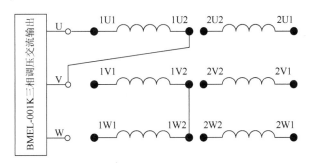

图 4.1.2　测定高压侧相间极性

2）测定原、副边极性

（1）标出三相低压绕组的标记 2U1、2V1、2W1、2U2、2V2、2W2，如图 4.1.3 所示，将原、副边中点短接。

（2）在 1U1、1V1、1W1 端加 50%三相交流电压，测出电压 $U_{1U1.1U2}$、$U_{1V1.1V2}$、$U_{1W1.1W2}$、$U_{2U1.2U2}$、$U_{2V1.2V2}$、$U_{2W1.2W2}$、$U_{1U1.2U1}$、$U_{1V1.2V1}$、$U_{1W1.2W1}$，若 $U_{1U1.2U1} = U_{1U1.1U2} - U_{2U1.2U2}$，则 U 相高、低压绕组同柱，并且首端 1U1 与 2U1 点为同极性；若 $U_{1U1.2U1} = U_{1U1.1U2} + U_{2U1.2U2}$，则 1U1 与 2U1 端点为异极性。

（3）用同样的方法判别出 1V1、1W1 两相原、副边的极性。高低压三相绕组的极性确定后，根据要求连接出不同的连接组。

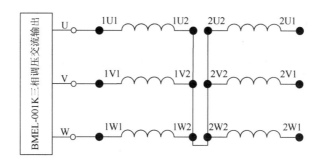

图 4.1.3　测定原、副边极性

3）三相变压器测定变比实验

（1）实验线路如图 4.1.4 所示，被测变压器选用 BMEL-02 的三相芯式变压器。实验时低压线圈接电源，高压线圈开路。

（2）若调压器不在初始位置，"调压器未归零"灯亮，调节调压器到达初始位置后，"调压器未归零"灯灭，这时方可对主电源进行闭合断开操作。

（3）按下绿色"ON"开关，顺时针调节调压器旋钮，使变压器空载电压 $U_0 = 0.5U_N$，测取高、低压线圈的线电压 $U_{1U1.1V1}$、$U_{1V1.1W1}$、$U_{1W1.1U1}$、$U_{2U1.2V1}$、$U_{2V1.2W1}$、$U_{2W1.2U1}$，记录于表 4.1.3 中。

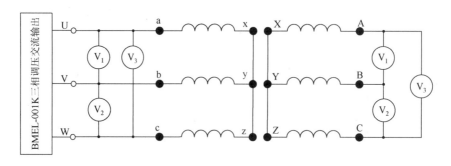

图 4.1.4　三相变压器变比实验接线图

表 4.1.3　三相变压器变比实验数据记录表

U/V		K_{UV}	U/V		K_{VW}	U/V		K_{WU}	$K = 1/3 (K_{UV} + K_{VW} + K_{WU})$
$U_{1U1.1V1}$	$U_{2U1.2V1}$		$U_{1V1.1W1}$	$U_{2V1.2W1}$		$U_{1W1.1U1}$	$U_{2W1.2U1}$		

注：$K_{UV} = U_{1U1.1V1}/U_{2U1.2V1}$，$K_{VW} = U_{1V1.1W1}/U_{2V1.2W1}$，$K_{WU} = U_{1W1.1U1}/U_{2W1.2U1}$。

4.1.4　实验注意事项

（1）在变压器实验中，应注意电压表、电流表、功率表的合理布置。

（2）实验室刚通电时，应手动将调压器调到最小，"调压器未归零"灯灭，这时方可对主电源进行闭合断开操作。

（3）实验时应注意安全，防止人身事故。

（4）要遵守实验室的各项规章制度，实验过程中应注意保持室内的良好秩序。

4.1.5　实验报告

1. 计算单相变压器变比

由空载实验测取变压器原、副边电压的三组数据，分别计算出变比，然后取其平均值作为变压器的变比。变比计算公式为

$$K = \frac{U_1}{U_0}$$

2. 计算三相变压器变比

根据实验数据，计算出各项的变比，然后取其平均值作为变压器的变比。

$$K_{UV} = \frac{U_{AB}}{U_{ab}}, \quad K_{VW} = \frac{U_{BC}}{U_{bc}}, \quad K_{WU} = \frac{U_{CA}}{U_{ca}}$$

4.2　单相变压器空载、短路、负载实验

4.2.1　实验内容及要求

通过空载和短路实验测定单相变压器参数；通过负载实验测取变压器的运行特性。

4.2.2　实验器材及装置

依托 BMEL-IIA 大功率直流电机系统教学实验装置，涉及的实验模块如表 4.2.1 所示。

表 4.2.1　实验模块 8

型号	名称	备注
BMEL-001K	电源控制·转速·转矩测量	
BMEL-31/2K	交流电压·电流表	
BMEL-33K	功率·功率因数表	
BMEL-01	变压器	
BMEL-30D	开关箱	
BMEL-010K	负载	

4.2.3　知识准备

（1）变压器的空载和短路实验有哪些特点？各实验电源电压一般加在哪侧比较合适？

（2）在空载和短路实验中，各种仪表应怎么连接才能使测量误差较小。

（3）如何用实验方法测定变压器的铁耗及铜耗。

4.2.4　实验步骤

1. 空载实验

实验时，变压器低压线圈 2U1、2U2 接电源，高压线圈 1U1、1U2 开路。

（1）在三相交流电源断电的条件下，按图 4.2.1 接线。单相变压器位于 BMEL-01 挂箱。

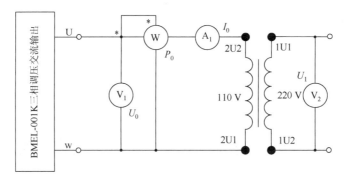

图 4.2.1　单相变压器空载实验

（2）确保初始状态"调压器未归零"灯灭，调压器在最小位置，按下绿色"ON"开关，调节输出电压，使变压器空载电压 $U_0 = 1.2U_N$。

（3）然后，逐次降低电源电压，在（1.2～0.5）U_N 的范围内；测取变压器的 U_0、I_0、P_0，共取 6～7 组数据，记录于表 4.2.2 中。其中 $U = U_N$ 的点必须测，在该点附近测的点应密些。为了计算变压器的变化，在 U_N 以下测取原边电压的同时测取副边电压，填入表 4.2.3 中。

（4）测量数据以后，断开三相电源，以便为下次实验做好准备。

表 4.2.2　单相变压器空载实验数据记录表

序号	实验数据				计算数据
	U_0/V	I_0/A	P_0/W	U_1	$\cos\varphi_0$
1					
2					
3					
4					
5					
6					
7					

注：$\cos\varphi_0$ 为变压器空载时的功率因数。

2. 短路实验

按下控制屏上的 "OFF" 按钮，切断三相调压交流电源，按图 4.2.2 接线。将变压器的高压线圈接电源，低压线圈直接短路（注意：每次改接线路，都要断开电源，同时调压器电压减到最小，确保输出电压为零）。

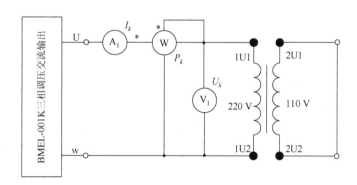

图 4.2.2　单相变压器短路实验

合上交流电源绿色 "ON" 开关，接通交流电源，逐次缓慢增加输入电压，直到短路电流等于 $1.1I_N$。在（0.5～1.1）I_N 范围内测取变压器的 U_k、I_k、P_k，共取 6～7 组数据记录于表 4.2.3 中，其中 $I = I_k$ 的点必测，并记录实验时周围环境温度（℃）。

表 4.2.3　短路参数测试表　（室温为_____℃）

序号	实验数据			计算数据
	U_k/V	I_k/A	P_k/W	$\cos\varphi_k$
1				
2				
3				
4				
5				
6				

注：$\cos\varphi_k$ 为变压器短路时的功率因数。

3. 负载实验

负载实验线路如图 4.2.3 所示。变压器低压线圈接电源，高压线圈经过开关 S 接到负载电阻 R。R 选用 BMEL-010K（三组电阻并联使用，调至最大），开关 S 采用 BMEL-30D 的双刀双掷开关。

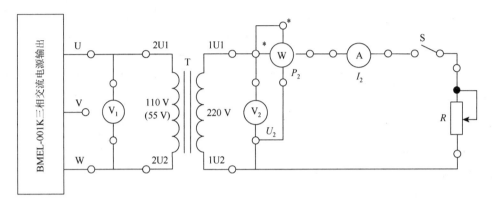

图 4.2.3　单相变压器负载实验

（1）合上主电源前，调压器应在电压为零的位置，"调压器未归零"灯亮，S_1、S_2 断开，电阻值调到最大。

（2）按下绿色"ON"开关，逐渐升高电源电压，使变压器输入电压 $U_1 = U_N = 110 \text{ V}$。

（3）在保持 $U_1 = U_N$ 的条件下，合下开关 S，通过逐渐增加负载电流，即减小负载电阻 R_L，从空载到额定负载范围内，测取变压器的输出电压 U_2 和电流 I_2。

（4）测取数据时，$I_2 = 0$ 和 $I_2 = I_{2N}$ 必测，共取数据 6～7 组，记录于表 4.2.4 中。

表 4.2.4　负载实验数据记录表（$\cos\varphi_2 = 1$，$U_1 = U_N = $ ＿＿＿ V）

序号	1	2	3	4	5	6	7
U_2/V							
I_2/A							

注：$\cos\varphi_2$ 为负载的功率因数。

4.2.5　实验注意事项

（1）在变压器实验中，应注意电压表、电流表、功率表的合理布置及量程选择。

（2）短路实验操作要快，否则线圈发热会引起电阻变化。

4.2.6　实验报告

1. 绘出空载特性曲线和计算励磁参数

（1）绘出空载特性曲线 $U_0 = f(I_0)$，$P_0 = f(U_0)$，$\cos\varphi_0 = f(U_0)$。

式中， $\cos\varphi_0 = \dfrac{P_0}{U_0 I_0}$ 。

（2）计算励磁参数。从空载特性曲线上查出对应于 $U_0 = U_N$ 时的 I_0 和 P_0 值，并由下式计算出励磁参数。

$$r_m = \frac{P_0}{I_0^2}$$

$$Z_m = \frac{U_0}{I_0}$$

$$X_m = \sqrt{Z_m^2 - r_m^2}$$

2. 绘出短路特性曲线和计算短路参数

（1）绘出短路特性曲线 $U_k = f(I_k)$ 、 $P_k = f(I_k)$ 、 $\cos\varphi_k = f(I_k)$ 。

（2）计算短路参数。从短路特性曲线上查出对应于短路电流 $I_k = I_N$ 时的 U_k 和 P_k 值，由下式计算出实验环境温度为 θ （℃）时的短路参数。

$$Z_k' = \frac{U_k}{I_k}$$

$$r_k' = \frac{P_k}{I_k^2}$$

$$X_k' = \sqrt{Z_k'^2 - r_k'^2}$$

折算到低压方：

$$Z_k = \frac{Z_k'}{k^2}$$

$$r_k = \frac{r_k'}{k^2}$$

$$X_k = \frac{X_k'}{k^2}$$

由于短路电阻 r_k 随温度而变化，计算出的短路电阻应按国家标准换算到基准工作温度75℃时的阻值。

$$r_{k75℃} = r_{k\theta} \frac{234.5 + 75}{234.5 + \theta}$$

$$Z_{k75℃} = \sqrt{r_{k75℃} + X_k^2}$$

式中，234.5 为铜导线的常数，若用铝导线则常数应改为228。

阻抗电压：

$$U_k = \frac{I_N Z_{k75℃}}{U_N} \times 100\%$$

$$U_{kr} = \frac{I_N r_{k75℃}}{U_N} \times 100\%$$

$$U_{kx} = \frac{I_N x_k}{U_N} \times 100\%$$

$I_k = I_N$ 时的短路损耗：

$$p_{kN} = I_N^2 r_{k75℃}$$

3. 绘制"Γ"型等效电路

利用空载实验和短路实验测定的参数，画出被试变压器折算到低压方的"Γ"型等效电路。

4. 计算变压器的电压变化率 ΔU

（1）绘出 $\cos\varphi_2 = 1$ 和 $\cos\varphi_2 = 0.8$ 两条外特性曲线 $U_2 = f(I_2)$，由外特性曲线计算出 $I_2 = I_{2N}$ 时的电压变化率 ΔU。

$$\Delta U = \frac{U_{20} - U_2}{U_{20}} \times 100\%$$

（2）根据实验求出的参数，计算出 $I_2 = I_{2N}$、 $\cos\varphi_2 = 1$ 和 $I_2 = I_{2N}$、 $\cos\varphi_2 = 0.8$ 时的电压变化率 ΔU：

$$\Delta U = (U_{kr}\cos\varphi_2 + U_{kx}\sin\varphi_2)$$

将两种计算结果进行比较，并分析不同性质的负载对输出电压的影响。

5. 绘出被试变压器的效率特性曲线

（1）用间接法算出 $\cos\varphi_2 = 0.8$ 不同负载电流时的变压器效率，记录于表 4.2.5 中。

$$\eta = \left(1 - \frac{P_0 + I_2^{*2} P_{kN}}{I_2^* P_N \cos\varphi_2 + P_0 + I_2^{*2} P_{kN}}\right) \times 100\%$$

式中， $I_2^* P_N \cos\varphi_2 = P_2(\text{W})$ ； P_{kN} 为变压器 $I_k = I_N$ 时的短路损耗（W）； P_0 为变压器 $U_0 = U_N$ 时的空载损耗（W）。

（2）由计算数据绘出变压器的效率曲线 $\eta = f(I_2^*)$ 。

（3）计算被试变压器 $\eta = \eta_{max}$ 时的负载系数 $\beta_m = \sqrt{\dfrac{P_0}{P_{kN}}}$ 。

表 4.2.5 效率特性曲线测试数据表（ $\cos\varphi_2 = 0.8$ ， $P_0 = $ ＿＿＿W ， $P_{kN} = $ ＿＿＿W ）

I_2^*/A	P_2/W	η
0.2		
0.4		
0.6		
0.8		
1.0		
1.2		

4.3　单相变压器的并联运行

4.3.1　实验内容及要求

将两台单相变压器投入并联运行；阻抗电压相等的两台单相变压器并联运行，研究其负载分配情况；阻抗电压不相等的两台单相变压器并联运行，研究其负载分配情况。

4.3.2　实验器材及装置

依托 BMEL-IIA 大功率直流电机系统教学实验装置，涉及的实验模块如表 4.3.1 所示。

表 4.3.1　实验模块 9

型号	名称	备注
BMEL-001K	电源控制·转速·转矩测量	
BMEL-31/2K	交流电压·电流表	
BMEL-33K	功率·功率因数表	
BMEL-01	变压器	
BMEL-30D	开关箱	
BMEL-010K	负载	

4.3.3　知识准备

（1）单相变压器并联运行的条件。
（2）如何验证两台变压器具有相同的极性。
（3）阻抗电压对负载分配的影响。

4.3.4　实验步骤

实验线路如图 4.3.1 所示。图中单相变压器 I 和 II 选用单相组式变压器中参数相近的两台，变压器的高压绕组并联接电源，低压绕组经开关 S_1 并联后，再由开关 S_3 接负载电阻 R_L。由于负载电流较大，R_L 可采用并串联接法（选用 BMEL-010K 任意一组）的变阻器。为了人为地改变变压器 II 的阻抗电压，在其副方串入单相电阻 R（20 Ω 变阻器）。

1. 两台单相变压器空载投入并联运行步骤

（1）检查变压器的变比和极性。
①接通电源前，将开关 S_1、S_3 断开，合上开关 S_2。

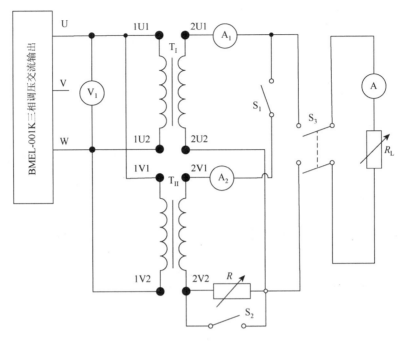

图 4.3.1　单相变压器并联运行接线图

②接通电源后，调节变压器输入电压至额定值，测出两台变压器副方电压 $U_{2U1.2V2}$ 和 $U_{2V1.2V2}$，若 $U_{2U1.2V2} = U_{2V1.2V2}$，则两台变压器的变比相等，即 $K_{\mathrm{I}} = K_{\mathrm{II}}$。

③测出两台变压器副方 2U1 与 2V1 端点之间的电压 $U_{2U1.2V1}$，若 $U_{2U1.2V1} = U_{2U1.2U2} - U_{2V1.2V2}$，则首端 1U1 与 1V1 为同极性端，反之为异极性端。

（2）投入并联：检查两台变压器的变比相等和极性相同后，合上开关 S_1，即投入并联。若 K_{I} 与 K_{II} 是严格相等，则会产生环流。

2. 阻抗电压相等的两台单相变压器并联运行

（1）投入并联后，合上负载开关 S_3。

（2）在保持原方额定电压不变的情况下，逐次增加负载电流，直至其中一台变压器的输出电流达到额定电流，测取 I、I_{I}、I_{II}，共取 5～6 组数据记录于表 4.3.2 中。

表 4.3.2　阻抗电压相等的两台单相变压器并联运行时的数据记录　　（单位：A）

序号	I_{I}	I_{II}	I
1			
2			
3			
4			
5			
6			

3. 阻抗电压不相等的两台单相变压器并联运行

断开短路开关 S_2，变压器 II 的副方串入电阻 R，R 的数值可根据需要调节（一般取 5～10 Ω），重复前面实验测出 I、I_I、I_{II}，共取 5～6 组数据，记录于表 4.3.3 中。

表 4.3.3　阻抗电压不相等的两台单相变压器并联运行时的数据记录　　（单位：A）

序号	I_I	I_{II}	I
1			
2			
3			
4			
5			
6			

4.3.5　实验报告

（1）根据实验步骤 2 的数据，画出负载分配曲线 $I_I = f(I)$ 及 $I_{II} = f(I)$。
（2）根据实验步骤 3 的数据，画出负载分配曲线 $I_I = f(I)$ 及 $I_{II} = f(I)$。
（3）分析实验中阻抗电压对负载分配的影响。

4.4　三相变压器的连接组

4.4.1　实验内容及要求

掌握用实验方法测定三相变压器的极性，掌握用实验方法判别变压器的连接组。

4.4.2　实验器材及装置

依托 BMEL-IIA 大功率直流电机系统教学实验装置，涉及的实验模块如表 4.4.1 所示。

表 4.4.1　实验模块 10

型号	名称	备注
BMEL-001K	电源控制・转速・转矩测量	
BMEL-31/2K	交流电压・电流表	
BMEL-33K	功率・功率因数表	
BMEL-02	三相变压器	

4.4.3 知识准备

（1）三相变压器的绕组接法。
（2）三相变压器的连接组。

4.4.4 实验步骤

1. 测定原、副方极性

同 4.1.3 节第二部分实验内容。

2. 检验连接组

1）Y/Y-12

按图 4.4.1 接线，1U1、2U1 两端点用导线连接，在高压方施加三相对称的额定电压，测出 $U_{1U1.1V1}$、$U_{2U1.2V1}$、$U_{1V1.2V1}$、$U_{1W1.2W1}$ 及 $U_{1V1.2W1}$，将数据记录于表 4.4.2 中。

(a) 接线图　　　　　　　　　(b) 电势相量图

图 4.4.1　Y/Y-12 连接组

表 4.4.2　Y/Y-12 连接组测试数据

实验数据					计算数据			
$U_{1U1.1V1}$/V	$U_{2U1.2V1}$/V	$U_{1V1.2V1}$/V	$U_{1W1.2W1}$/V	$U_{1V1.2W1}$/V	K_L	$U_{1V1.2V1}$/V	$U_{1W1.2W1}$/V	$U_{1V1.2W1}$/V

根据 Y/Y-12 连接组的电势相量图可知：

$$U_{1V1.2V1} = U_{1W1.2W1} = (K_L - 1)U_{2U1.2V1}$$

$$U_{1V1.2W1} = U_{2U1.2V1}\sqrt{(K_L^2 - K_L + 1)}$$

$$K_L = \frac{U_{1U1.1V1}}{U_{2U1.2V1}}$$

式中，K_L 为线电压之比。

若用两式计算出的电压 $U_{1V1.2V1}$、$U_{1W1.2W1}$、$U_{1V1.2W1}$ 的数值与实验测取的数值相同，则表示绕组连接正确，属 Y/Y-12 连接组。

2）Y/Y-6

将 Y/Y-12 连接组的副方绕组首、末端标记对调，1U1、2U1 两点用导线相连，如图 4.4.2 所示。

(a) 接线图　　　　　　　　　　　　　　　　(b) 电势相量图

图 4.4.2　Y/Y-6 连接组

按前面方法测出电压 $U_{1U1.1V1}$、$U_{2U1.2V1}$、$U_{1V1.2V1}$、$U_{1W1.2W1}$ 及 $U_{1V1.2W1}$，将数据记录于表 4.4.3 中。

根据 Y/Y-6 连接组的电势相量图可得

$$U_{1V1.2V1} = U_{1W1.2W1} = (K_L + 1)U_{2U1.2V1}$$

$$U_{1V1.2W1} = U_{2U1.2V1}\sqrt{(K_L^2 + K_L + 1)}$$

表 4.4.3　Y/Y-6 连接组测试数据

实验数据					计算数据			
$U_{1U1.1V1}$/V	$U_{2U1.2V1}$/V	$U_{1V1.2V1}$/V	$U_{1W1.2W1}$/V	$U_{1V1.2W1}$/V	K_L	$U_{1V1.2V1}$/V	$U_{1W1.2W1}$/V	$U_{1V1.2W1}$/V

若由以上两式计算出电压 $U_{1V1.2V1}$、$U_{1W1.2W1}$、$U_{1V1.2W1}$ 的数值与实测相同，则绕组连接正确，属于 Y/Y-6 连接组。

3）Y/Δ-11

按图 4.4.3 接线，1U1、3U1 两端点用导线相连，高压方施加对称额定电压，测取 $U_{1U1.1V1}$、$U_{3U1.3V1}$、$U_{1V1.3V1}$、$U_{1W1.2W1}$ 及 $U_{1V1.3W1}$，将数据记录于表 4.4.4 中。

根据 Y/Δ-11 连接组的电势相量可得

$$U_{1V1.3V1} = U_{1W1.3W1} = U_{1V1.3W1} = U_{3U1.3V1}\sqrt{K_L^2 - \sqrt{3}K_L + 1}$$

若由上式计算出的电压 $U_{1V1.3V1}$、$U_{1W1.3W1}$、$U_{1V1.3W1}$ 的数值与实测值相同，则绕组连接正确，属 Y/Δ-11 连接组。

(a) 接线图   (b) 电势相量图

图 4.4.3　Y/Δ-11 连接组

表 4.4.4　Y/Δ-11 连接组测试数据

实验数据					计算数据			
$U_{1U1.1V1}$/V	$U_{3U1.3V1}$/V	$U_{1V1.3V1}$/V	$U_{1W1.3W1}$/V	$U_{1V1.3W1}$/V	K_L	$U_{1V1.3V1}$/V	$U_{1W1.3W1}$/V	$U_{1V1.3W1}$/V

4.4.5　实验注意事项

（1）注意原、副边连线，防止将线圈短路，烧毁变压器。

（2）及时记录所测数据。

4.5　单相壳式变压器的设计

4.5.1　实验内容及要求

掌握单相变压器的设计计算方法和设计步骤。

4.5.2　实验器材及装置

硅钢片、漆包线、绝缘材料、尺、记号笔、胶木板、电工刀、AB 胶、绕线机等。

4.5.3　实验步骤

1. 根据用电的实际需要求出变压器的输出容量 S_2

输出容量的大小由变压器二次侧负载决定。变压器的二次侧有多个电压不同的负载，变压器二次侧就需要有多个绕组。此时变压器输出容量为二次侧各绕组输出容量的总和，即

$$S_2 = U_2 I_2 + U_3 I_3 + \cdots$$

式中，U_2，U_3，$\cdots$ 为二次侧各绕组负载电压有效值（V）；I_2，I_3，$\cdots$ 为二次侧各绕组负载电流有效值（A）；S_2 为变压器二次侧输出容量（V·A）。

2. 变压器输入容量 S_1 及输入电流 I_1 的计算

考虑到变压器负载运行时会产生绕组电阻发热损耗和铁心损耗，因此变压器输入容量与输出容量之间的关系为

$$S_1 = \frac{S_2}{\eta}$$

式中，η 为变压器的效率。η 总是小于 1，对于容量为 1 kV·A 以下的变压器，$\eta = 80\% \sim 90\%$。

知道了变压器输入容量 S_1 后，就可以求出输入电流 I_1 为

$$I_1 = (1.1 \sim 1.2)\frac{S_1}{U_1}(\text{A})$$

式中，U_1 为一次电压有效值（V），一般就是外加电源电压；1.1～1.2 为考虑到变压器空载励磁电流大小的经验系数。

3. 变压器铁心截面积 A 的计算及硅钢片尺寸的选用

1）铁心截面积 A 的计算

单相变压器的铁心多采用壳式，在铁心中柱上放置绕组。铁心截面积 A（mm^2）的大小与变压器输出容量的关系为

$$A = 100 K_0 \sqrt{S_2}$$

式中，S_2 为变压器总输出容量（V·A）；K_0 为经验系数。

K_0 的大小与 S_2 的关系可参考表 4.5.1 来选用。

表 4.5.1　K_0 系数参考值

$S_2/(\text{V·A})$	0～10	10～50	50～500	500～1000	1000 以上
K_0	2	2～1.75	1.5～1.4	1.4～1.2	1.2～1

利用计算所得的 A 值结合实际情况来确定铁心尺寸 a 与 b 的大小。

2）确定变压器铁心尺寸

由图 4.5.1 得

$$A = a \times b$$

式中，a 为铁心中柱宽（mm）；b 为铁心净叠厚（mm）。

由于铁心用涂绝缘漆的硅钢片叠成，考虑到漆膜与钢片间隙的厚度，实际的铁心厚度 b' 应比 b 更大些，即

图 4.5.1　单相变压器的铁心尺寸

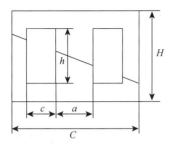

图 4.5.2　变压器硅钢片尺寸

$$b' = \frac{b}{K_D}$$

式中，K_D 为叠片系数，其取值为 0.9。

3）硅钢片尺寸规格的选用

表 4.5.2 中列出了目前通用的小型硅钢片规格及各尺寸之间的关系。图 4.5.2 中 $c = 0.5a$，$h = 1.5a$（当 $a > 64\,\text{mm}$ 时，$h = 2.5a$），$C = 3a$，$H = 2.5a$，叠厚 $b \leqslant 2a$。

表 4.5.2　小型变压器通用的硅钢片尺寸　（单位：mm）

a	c	h	C	H
13	7.5	22	40	34
16	9	24	50	50
19（实际修改）	10.5（9.5）	30（28.5）	60（57）	60（47.5）
22	11	33	66	66
25	12.5	37.5	75	62.5
28	14	42	84	70
32	16	48	96	80
38	19	57	114	95
44	22	66	132	110
50	25	75	150	125
56	28	84	168	140
63	32	95	192	160

4）硅钢片材料的选用

小型变压器通常采用 0.35 mm 或 0.5 mm 厚的硅钢片作为铁心材料。硅钢片材料规格的选取不仅受材料磁通密度的制约，而且与铁心的结构形状有关。

当变压器采用 E 字形结构时，硅钢片材料磁通密度可按表 4.5.3 选用。

表 4.5.3　硅钢片磁通密度选用值

硅钢片种类与牌号	磁通密度选用值/T
冷轧硅钢片 D310	1.20～1.40
热轧硅钢片 D41、D42	1.00～1.20
热轧硅钢片 D43	1.10～1.20

4. 计算每个绕组的匝数

绕组感应电动势有效值可表示如下：

$$E = 4.44 f N B_{\mathrm{m}} A \times 10^{-6}$$

设 N_0 表示变压器每感应 1V 电动势需绕的匝数，则

$$N_0 = \frac{N}{E}$$

于是

$$N_0 = \frac{N}{E} = \frac{10^6}{4.44 f B_{\mathrm{m}} A}$$

由于工频 $f = 50\ \mathrm{Hz}$，于是上式可以改为

$$N_0 = \frac{N}{E} = \frac{4.5 \times 10^3}{B_{\mathrm{m}} A}$$

根据计算所得 N_0 值乘以每个绕组的电压就可以算出每个绕组的匝数，即

$$N_1 = U_1 N_0, \quad N_2 = U_2 N_0$$

二次侧绕组应增加 5%的匝数以补偿负载时的电压降。

5. 计算绕组的导线直径 d'

先选取电流密度 j，再求出各绕组的截面积为

$$A_{\mathrm{t}} = \frac{I}{j}$$

由截面积 A_{t} 可以确定常用圆铜线（裸线）的直径 d_1，设计变压器时制作绕组使用的是漆包线，根据 d_1 即可确定漆包线带漆膜之后的线径 d'。

上式中，电流密度 j 一般选用 2～3 A/mm²，若所设计的变压器采用短时工作制，则电流密度 j 可以取 4～5 A/mm²。这里电流密度 j 取 3 A/mm²。

6. 核算铁心窗口的面积

根据已知绕组的匝数、线径、绝缘厚度等来核算变压器绕组所需铁心窗口的面积，它应小于选用的铁心实际窗口（图 4.5.2）的面积（$h \times c$），否则绕组有可能放不下。若放不下，则需重选导线规格，或者重选铁心，核算方法如下。

（1）根据选定的窗高 h 计算各绕组每层可绕的匝数 n_i：

$$n_i = \frac{0.9[h - (2\sim4)]}{d}$$

式中，d 为包括绝缘厚的导线外径（mm）；0.9 为考虑绕组框架两端各空出约 5%不绕线的系数；2～4 为考虑绕组框架厚度留出的空间。

（2）计算各绕组需绕的层数 m_i：

$$m_i = \frac{N}{n_i}$$

（3）计算层间绝缘及各个绕组的厚度。变压器一次侧绕组的绕制情况如图 4.5.3 所示，其层间绕组厚度的计算方法如下。

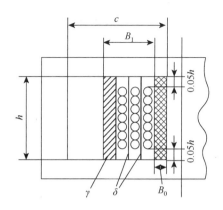

图 4.5.3　变压器一次侧绕组

在变压器铁心柱外面套上由青壳纸做的绕组框架或者弹性纸框架，包上两层电缆纸与两层黄蜡布，厚度为 B_0。在框架外面每绕一层导线后就包上层间绝缘，其厚度为 δ。对于较细的导线（如 0.2 mm 以下的导线）一般采用厚度为 0.02～0.04 mm 的透明纸（白玻璃纸），对于较粗的导线（如 0.2 mm 以上的导线）则采用厚度为 0.05～0.07 mm 的电缆纸（或牛皮纸），对于更粗的导线可以用厚度为 0.12 mm 的青壳纸（或牛皮纸）。当整个一次侧绕组绕完后，还需要在它的最外面裹上厚度为 γ 的绝缘纸。当电压不超过 500 V 时，也可用厚度为 0.12 mm 的青壳纸或 2～3 层电缆纸夹两层黄蜡布。因此，一次侧绕组厚度为

$$B_1 = m_1(d_1' + \delta_1) + \gamma$$

式中，d_1' 为漆包线的外径（mm）；δ_1 为绕组层间绝缘的厚度（mm）；γ 为绕组间绝缘的厚度（mm）；m_1 为绕制层数。

同样，可求出套在一次侧绕组外面的各个二次侧绕组厚度 B_2，B_3，B_4，$\cdots$。

所有绕组的总厚度 B（mm）为

$$B = (B_0 + B_1 + B_2 + \cdots) \times (1.1 \sim 1.2)$$

式中，B_0 为绕组框架的厚度（mm）；1.1～1.2 为尺寸裕量系数。

显然，如果计算得到的绕组厚度 B 小于铁心窗口宽度 c，那么这个设计是可行的。但是在设计时，经常遇到 $B > c$ 的情况。这时有两种办法：一种是加大铁心叠厚，增大铁心柱截面积，以减少绕组匝数，但是一般叠厚（即实际的铁心厚度）$b' = (1 \sim 2)a$ 比较合适，不能任意加厚；另一种是重选硅钢片的尺寸，按原方法计算和核算，直到合适。

第5章
异步电动机实验

5.1 三相异步电动机的拆装

5.1.1 实验内容及要求

小型异步电动机的拆装；相关工具及仪表的使用。

5.1.2 实验器材及装置

三相鼠笼型异步电动机、万用表、兆欧表、钳形电流表、转速表、拉具、套筒、橡皮锤、撬棍、记号笔等。

5.1.3 知识准备

（1）三相异步电动机的结构：定子、转子。三相异步电动机的结构如图 5.1.1 所示。

图 5.1.1 三相异步电动机结构

（2）三相异步电动机的类型。

（3）三相异步电动机的工作原理。

5.1.4 实验步骤

1. 三相异步电动机的一般拆卸步骤

（1）切断电源，卸下皮带。

（2）拆去接线盒内的电源接线和接地线。

（3）卸下底脚螺母、弹簧垫圈和平垫片。

（4）卸下皮带轮。

（5）卸下前轴承外盖。

（6）卸下前端盖，可用大小适宜的扁凿，插在端盖突出的耳朵处，按端盖对角线依次向外撬，直至卸下前端盖。

（7）卸下风叶罩。

（8）卸下风叶。

（9）卸下后轴承外盖。

（10）卸下后端盖。

（11）卸下转子，在抽出转子之前，应在转子下面和定子绕组端部之间垫上厚纸板，以免抽出转子时碰伤铁心和绕组。

（12）用拉具拆卸前后轴承及轴承内盖。

步骤如图 5.1.2 所示。

图 5.1.2　三相异步电动机的一般拆卸步骤

2. 电动机主要部件的拆装方法

1）轴承外盖和端盖的拆卸步骤

（1）拆卸轴承外盖的方法比较简单，只要旋下固定轴承盖的螺丝，就可把外盖取下（图 5.1.3）。

(a) 拆前轴承外盖　　　　　　　　　(b) 拆后轴承外盖

图 5.1.3　轴承外盖拆卸示意图

注意：前后两个外盖拆下后要标上记号，以免将来安装时前后装错。

（2）拆卸端盖前，应在机壳与端盖接缝处做好标记，然后旋下固定端盖的螺丝。通常端盖上都有两个拆卸螺孔，用从端盖上拆下的螺丝旋进拆卸螺孔，就能将端盖逐步顶出来。

若没有拆卸螺孔，可用大小适宜的扁凿，插在端盖突出的耳朵处，按端盖对角线依次向外撬，直至卸下端盖（图 5.1.4）。

(a) 拆前端盖　　　　　　　　　(b) 拆后端盖

图 5.1.4　端盖拆卸示意图

注意：前后两个端盖拆下后要标上记号，以免将来安装时前后装错。

2）轴承外盖和端盖的安装步骤

轴承外盖的安装步骤如下：

（1）装上轴承外盖。

（2）插上一颗螺丝，一只手顶住螺丝，另一只手转动转轴，使轴承的内盖也跟着转动，当转到轴承内外盖的螺丝孔一致时，把螺丝顶入内盖的螺丝孔里，并旋紧。

（3）把其余两个螺丝也装上，旋紧（图 5.1.5）。

图 5.1.5　轴承外盖安装示意图

端盖的安装步骤（图 5.1.6）如下：

（1）铲去端盖口的脏物。

（2）铲去机壳口的脏物，再对准机壳上的螺丝孔把端盖装上。

（3）插上一对螺丝，按对角线先后把螺丝旋紧。

（4）插上另一对螺丝，用同样的方法先后把螺丝旋紧，切不可有松有紧，以免损伤端盖。

图 5.1.6　端盖安装示意图

注意：在固定端盖螺丝时，不可一次将一边端盖拧紧，应将另一边端盖装上后，两边同时拧紧。要随时转动转子，看其是否能灵活转动，以免装配后电动机旋转困难。

3）风罩和风叶的拆卸步骤

风罩和风叶的拆卸步骤如下：

（1）选择适当的旋具，旋出风罩与机壳的固定螺丝，即可取下风罩。

（2）将转轴尾部风叶上的定位螺丝或销子拧下，用小锤在风叶四周轻轻地均匀敲打，风叶就可取下，如图 5.1.7 所示。若是小型电动机，则风叶通常不必拆下，可随转子一起抽出。

(a) 拆风罩　　　　　　　　　(b) 拆风叶

图 5.1.7　风罩和风叶的拆卸示意图

4）转子的拆装步骤

转子的拆卸步骤如下：

（1）拆卸小型电动机的转子时，要一手握住转子，把转子拉出一些，随后用另一只手托住转子铁心渐渐往外移，如图 5.1.8 所示。

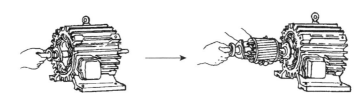

图 5.1.8　小型电动机转子拆卸示意图

注意：不能碰伤定子绕组。

（2）拆卸中型电动机的转子时，要一人抬住转轴的一端，另一人抬住转轴的另一端，渐渐地把转子往外移（图 5.1.9）。

图 5.1.9　中型电动机转子拆卸示意图

（3）拆卸大型电动机的转子时，要用起重设备分段吊出转子（图 5.1.10）。

钢丝绳

图 5.1.10　大型电动机转子拆卸示意图

转子的安装方法如下：

转子的安装是转子拆卸的逆过程，安装时，要对准定子中心把转子小心地往里送。

图 5.1.11　用拉力器拆卸轴承

注意：不能碰伤定子绕组。

5）轴承的拆装步骤

拆卸轴承的几种方法如下：

（1）用拉具拆卸。应根据轴承的大小，选好适宜的拉力器，夹住轴承，拉力器的脚爪应紧扣在轴承的内圈上，拉力器的丝杆顶点要对准转子轴的中心，扳转丝杆要慢，用力要均匀（图 5.1.11）。

（2）用铜棒拆卸。轴承的内圈垫上铜棒，用手锤敲打铜棒，把轴承敲出，如图 5.1.12 所示。

敲打时，要在轴承内圈四周的相对两侧轮流均匀敲打，不可偏敲一边，用力不要过猛。

（3）搁在圆桶上拆卸。在轴承的内圆下面用两块铁板夹住，搁在一个内径略大于转子外径的圆桶上面，在轴的端面垫上块，

图 5.1.12　用铜棒敲打拆卸滚动轴承

图 5.1.13　搁在圆桶上拆卸滚动轴承

用手锤敲打，着力点对准轴的中心，如图 5.1.13 所示。圆桶内放一些棉纱头，以防轴承脱下时摔坏转子。当敲到轴承逐渐松动时，用力要减弱。

（4）轴承在端盖内的拆卸。在拆卸电动机时，若遇到轴承留在端盖的轴承孔内时，把端盖止口面朝上，平滑地

搁在两块铁板上，垫上一段直径小于轴承外径的金属棒，用手锤沿轴承外圈敲打金属棒，将轴承敲出，如图 5.1.14 所示。

（5）加热拆卸。当轴承装配过紧或轴承氧化不易拆卸时，可用 100℃左右的机油淋浇在轴承内圈上，趁热用上述方法拆卸。

安装轴承的几种方法如下：

（1）敲打法。把轴承套到轴上，对准轴颈，使用一段铁管，其内径略大于轴颈直径，外径略大于轴承内圈的外

图 5.1.14　拆卸端盖孔内的滚动轴承

径，将铁管的一端顶在轴承的内圈上，用手锤敲铁管的另一端，把轴承敲进去，如图 5.1.15（a）所示。如果没有铁管，也可用铁条顶住轴承的内圈，对称地、轻轻地敲，轴承也能水平地套入转轴，如图 5.1.15（b）所示。

(a) 用铁管轻敲轴承

(b) 用铁条轻敲轴承

图 5.1.15　敲打法示意图

（2）热装法。若配合度较紧，则为了避免把轴承内环胀裂或损伤配合面，可采用热装法。首先将轴承放在油锅里（或油槽内）加热，油的温度保持在 100℃ 左右，轴承必须浸没在油中，又不能和锅底接触，可用铁丝将轴承吊起架空，如图 5.1.16（a）所示。加热要均匀，30～40 min 后，把轴承取出，趁热迅速地将轴承一直推到轴颈。在条件所限情况下，可将轴承放在 100 W 灯泡上烤热，1 h 后即可套在轴上，如图 5.1.16（b）所示。

(a) 用油加热轴承   (b) 用灯泡加热轴承

图 5.1.16　热装法示意图

5.1.5　实验注意事项

（1）按要求正确使用电工工具及电工仪表，避免出现损坏工具及仪表的现象。
（2）防止紧固件出现明显松脱，避免丢失零部件。
（3）电动机转子从定子中取出与放进时应倍加小心，防止定子与转子碰撞损坏。
（4）拆装时要做好标记，保证电动机装配的正确性。
（5）要遵守实验室的各项规章制度，实验过程中应注意保持室内的良好秩序。

5.2　异步电动机星形三角形起动实验

5.2.1　实验内容及要求

三相异步电动机定子端线的辨别；三相异步电动机电路的连接；三相异步电动机的起动和反转。

5.2.2　实验器材及装置

三相鼠笼型异步电动机、三相多速异步电动机、万用表、转速表、钳形电流表、三相绕线型异步电动机等。

5.2.3　实验步骤

1. 辨别定子绕组端线

当定子绕组端线的标号弄混时，必须进行辨别，其辨别方法有很多。在实验室常用剩磁法和电池法辨别。

1）剩磁法

绕组串联：

（1）用万用表查出六个端线中哪两根端线属于同一相绕组，并假设为 AX、BY、CZ。

（2）将三相绕组串联，用手转动转子，观察毫伏表（或用万用表的"毫伏"挡）读数，若毫伏表指针来回摆动，则说明假设不正确，此时可任意调换一相绕组的端线，直至推动转子而毫伏表指针不动，则说明绕组是首尾相连，即可确定绕组的首端和末端。

绕组并联：

（1）将万用表转换开关置于电阻"R×10"挡，测量引出线端间的电阻，区分开三相绕组，并假设编号为 Ul、U2、V1、V2、W1、W2。

（2）将万用表转换开关置于最小量程的"mA"挡或最大量程的"μA"挡。将三相绕组并联连接，如图 5.2.1 所示，将假定的 U1、Vl、W1 连接在一起，另外三端连接在一起，再并接到万用表两表笔间。

（3）用手转动电动机的转子，观察万用表指针的偏转，如图 5.2.1（a）所示。若指针不动，则说明三个首端假定正确（则三个末端假定也正确）；若指针偏转，如图 5.2.1（b）所示，则对调其中一相或两相绕组的线端后重新实验，直到表针不动。

(a) 首末端并接在一起　　　　　　　　(b) 首末端混合并接

图 5.2.1　用剩磁法辨别定子绕组首末端

2）电池法

（1）将万用表转换开关置于电阻"R×10"挡，测量引出线端间的电阻，以便区分三相绕组，并假设编号为 U1、U2、V1、V2、W1、W2。

（2）将万用表转换开关置于"mA"挡，选用最小量程时指针偏转明显。将任意一相绕组的两个线端（如 W1、W2）并接到万用表两表笔间，如图 5.2.2 所示；再将另一相绕组（如 V1、V2）的其中一端接电池的负极，另一端去碰触电池的正极，同时注意观察表针的瞬时偏转方向。

如果表针正偏（向右偏转），则与电池正极触碰的那根线端确定为首端（标明 V1），与电池负极相接的线端为末端（标明 V2）。如果表针反偏（向左偏转），则该绕组的首末端与上述判断相反。

图 5.2.2　用万用表和电池法辨别绕组首末端

（3）万用表与绕组的接线不动，用上述同样的方法辨别第三相绕组的首末端，此种方法是利用变压器的电磁感应原理实现的。

2. 鼠笼型异步电动机直接起动和星形三角形起动

1）直接起动

如图 5.2.3 所示，将三相双投开关 K_2 合向"三角形"，此时定子绕组为三角形连接，然后将 K_1 合向电源，于是电动机在三角形连接下直接起动。在实验过程中，用钳形电流表测量起动电流的大小，并观察其在起动过程中的变化。

图 5.2.3　直接起动和星形三角形起动

2）星形三角形起动

如图 5.2.3 所示，起动时先合上 K_1 然后将开关 K_2 合向"星形"位置，待转速上升后，再将 K_2 立即合向"三角形"位置，用钳形电流表测量起动电流，并观察其变化情况。

3）绕线型异步电动机转子串联电阻起动

如图 5.2.4 所示，起动前将转子电路的串联电阻置于最大值，然后将定子绕组接通电源，并逐渐减小转子串联电阻，直到其电阻为零，用钳形电流表测量起动电流。

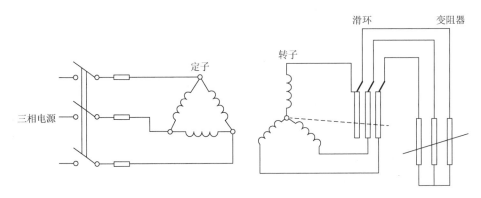

图 5.2.4   转子串联电阻起动

3. 异步电动机的反转

将异步电动机接到电源上三根导线中的任意两根，互相交换后起动电动机，观察其旋转方向的改变。

5.2.4   实验注意事项

（1）在接 Y/Δ 起动线路时一定要注意应按电路图接线，并要细心检查。
（2）进行反转实验时，换接必须要在转子停转时才能进行。

5.3   异步电动机的调速实验

5.3.1   实验内容及要求

绕线型异步电动机的起动和调速；改变异步电动机定子绕组极对数调速（变极调速）。

5.3.2   实验器材及装置

三相鼠笼型异步电动机、三相多速异步电动机、万用表、转速表、钳形电流表、三相绕线型异步电动机、可变电阻器等。

5.3.3　知识准备

（1）绕线型异步电动机调速的方法。
（2）鼠笼型异步电动机调速的方法。

5.3.4　实验步骤

1. 绕线型异步电动机的调速

绕线型异步电动机起动和调速接线图如图 5.2.4 所示。在绕线型异步电动机的转子电路中串入附加电阻 R_{st}，电动机起动时将附加电阻 R_{st} 调至最大值，然后逐渐减小 R_{st}，随 R_{st} 减小转速增加，起动完毕后将附加电阻 R_{st} 全部切除。绕线型异步电动机外串附加电阻，既可作起动电阻限制起动电流，又可接附加电阻实现调速。

操作步骤：
（1）辨别定子绕组和绕线型异步电动机转子绕组端线。
（2）实验线路图同图 5.2.4，绕线型异步电动机空载运行。电路接好后，将绕线型异步电动机的转子附加电阻 R_{st} 调至最大。
（3）合上电源开关，电动机空载起动，保持调压器的输出电压为电动机额定电压 220 V，转子附加电阻调至零。
（4）保持输出不变，改变转子附加电阻，将相应的转速记录于表 5.3.1 中。

表 5.3.1　绕线型异步电动机转子串电阻调速测试数据

R_{st}/Ω				
$n/(\text{r/min})$				

2. 改变鼠笼型异步电动机定子绕组极对数调速（变极调速）

为满足现代生产的不同要求，我国现在能制造两速、三速和四速的变极电动机。本实验给出两种不同接法的两速电动机接线图，如图 5.3.1 所示。

1）Y-YY 调速
（1）辨别定子绕组端线。
（2）将鼠笼型异步电动机定子绕组按图 5.3.1（a）连接，合上电源开关，起动电动机，待电动机稳定后测定其转速，注意观察电动机旋转方向。
（3）断开电源开关，按图 5.3.1（a）调整鼠笼型异步电动机定子绕组接线方式，再次合上电源开关，起动电动机，待电动机稳定后测定其转速，为使变速前后电动机转向一致，须改变任意两相电源相序。

2）Δ-YY 调速
（1）辨别定子绕组端线。

（2）将鼠笼型异步电动机定子绕组按图 5.3.1（b）连接，合上电源开关，起动电动机，待电动机稳定后测定其转速，注意观察电动机旋转方向。

（3）断开电源开关，按图 5.3.1（b）调整鼠笼型异步电动机定子绕组接线方式，再次合上电源开关，起动电动机，待电动机稳定后测定其转速，为使变速前后电动机转向一致，须改变任意两相电源相序。

(a) Y-YY调速   (b) Δ-YY调速

图 5.3.1 变极调速的接线方式

5.3.5 实验注意事项

（1）通过调节转子绕组电阻进行调速时，操作要迅速，通电时间不应超过 20 s，以免电动机绕组过热。

（2）变极调速中，为使变极后电动机的转向不改变，应在变极时把接至电动机的三根电源线对调其中两根。

第6章
同步发电机实验

6.1 同步发电机电压建立

6.1.1 实验内容及要求

使用他励励磁方式进行同步发电机电压的建立；使用发电机自励励磁方式进行同步发电机电压的建立。

6.1.2 实验器材及装置

同步发电机组，他励励磁控制台，三相可调电阻、电感，电工仪表（万用表、直流电流表、交流电压表、频率表、转速表）。

6.1.3 知识准备

1. 船舶电站的组成和分类

1）组成
船舶电站包括发电机组和主配电板。
2）分类
（1）主电站：在正常情况下向全船供电的电站。
（2）停泊电站：在停泊状态或无岸电供电时向停泊时的用电负载供电的电站，一般容量较小。
（3）应急电站：在应急情况下，向为保证舰船安全所必需的负载供电的电站。
（4）特殊或专用电站：指给 400～1000 Hz 专用设备供电的中频电站等。

2. 实验室电站系统与实船电站的区别

实验室电站系统是对实船电站的模拟，与实船电站的区别主要在两个方面：一是容量方面，实船电站的容量很大，而实验室电站只是对电站原理的模拟，功率只有 5～10 kW；二是负载形式方面，实船电站的负载可以是各式各样的电气设备，而实验室的负载只有纯电阻、纯电感和三相异步电动机三种形式。

实验室电站系统的组成：实验室电站系统由同步发电机组及其相应的控制设备组成，发电机组分别由对应的发电机控制屏进行控制（每两屏组合在一起进行并联运行控制）。整个实验室电站系统主要包括三相异步电动机、变频调速器、同步发电机、励磁装置（斩波励磁、无刷励磁或相复励励磁）、发电机控制屏、配电网络系统（网络变换屏）、负载系统（电阻、电感、异步电动机）等功能模块。此外，为方便进行三相同步发电机特性实验的接线与测量，每两套机组设置一个他励励磁控制台。单机系统的组成示意图如图 6.1.1 所示。

图 6.1.1　单机系统组成示意图

6.1.4　实验步骤

发电机控制屏的仪表有电压表、电流表、功率因数表、功率表、同步表等，开关旋钮有转速调节旋钮、电压调节旋钮、励磁方式选择开关、电机起动及停机按钮、转换开关等，实验进行前要先熟悉一下。

（1）合上分电箱内的电源开关（分电箱内从左往右第 1 个开关为 AC380 V，第 3 个开关为 DC220 V）。注意合闸后最好用万用表测量分电箱内的电源 AC380 V 和 DC220 V，确保电源已准确无误地输送至实验室。

（2）打开发电机控制屏下门。

（3）选择"变频调速器"控制方式。平时实验中，一般都选择"远控"方式，如果控制方式没有改变，实际操作时可以跳过此步骤。

这里"转换开关"有两种控制方式，即"近控"和"远控"，用以调节提供给三相异步电动机的电枢电压。"近控"和"远控"的切换必须在发电机转速为零的情况下完成。

（4）打开发电机控制屏上门。

（5）合上双号电站的市电电源开关（AC220 V），双号电站的发电机主开关分闸灯亮（红色）；其发电机控制屏内部的数显式转速表电源接通，显示为零；单、双号电站的控制单元模块 GPC 电源灯亮。若选择单号的电站进行实验，则还要合上单号电站的市电电源开关，此时单号电站的发电机主开关分闸灯亮（红色）；单号发电机控制屏上的"母联"接触器断开灯也会亮（红色）；发电机控制屏内部的数显式转速表电源接通，显示为零。

需要说明的是，无论是使用单号电站，还是使用双号电站，都要把双号的市电电源开关合上，若使用单号电站，还需要把单号电站的市电电源开关合上。双号控制屏内部的市电电源除了给双号电站的 GPC 和转速表提供电源，还给单号电站的 GPC 提供工作电源；单号控制屏内部的市电电源给单号电站的转速表提供电源。市电电源还兼给发电机主开关提供分、合闸电源。

（6）合上原动机电源开关（AC380 V），原动机停止灯亮（红色）。

（7）确定同步发电机的励磁方式，单机实验时打在"他励"方式。

（8）操作原动机起动按钮，原动机起动灯亮（绿色），停止灯灭。

（9）调节发电机控制屏上的"调速选择"开关至加速位置，同时观察转速表，使原动机转速缓慢上升至额定转速 1500 r/min。调节加速时一定要缓慢调节，不能调节过快。

至此，已完成发电机组的起动过程，如果发电机加上励磁（发电机励磁或他励），电压就会建立起来。

例如，若励磁方式选择为发电机励磁方式，则当原动机转速缓慢上升至额定转速 1500 r/min 时，将电压测量转换开关选择在发电机 AB、BC、CA 三挡中的任意一挡均可观测发电机电压。操作"调压选择"开关，可进行升压或降压的微调。

"调压选择"开关在他励方式调节中不会用到，它只在励磁方式选择为发电机励磁方式时进行调节，而且其调节的范围不大，属于微调。

（10）调节发电机控制屏上的"调速选择"开关至减速位置，观察转速表，使原动机转速缓慢减小至 1480 r/min。

（11）按下原动机停止按钮，原动机停止灯亮，起动灯灭。

（12）切断原动机电源和市电电源。

（13）将"励磁选择"开关旋至"断开"位置。

至此，已完成发电机组的停机过程。

6.1.5　实验注意事项

（1）变频调速器的"近控"和"远控"功能的切换必须在电机静止的情况下完成。

（2）发电机机组在运行过程中，"励磁选择"开关禁止再旋转改变。

（3）调节电动机加速时一定要缓慢，要使用点动的方式调节转速，避免转速升得过快。

（4）每次实验时，要确认原动机转速降至零后方才可以切断原动机和市电电源，为下一次实验做好准备。

（5）若双号电站已完成实验操作而准备切断电源，与之相邻的单号电站还在实验过程中时，双号电站只能切断其原动机电源，而不能切断其市电电源。

6.2　同步发电机空载特性

6.2.1　实验内容及要求

同步发电机组的起动、调速及停机；在他励励磁方式的情况下，测定同步发电机的空载特性。

6.2.2　实验器材及装置

同步发电机组、他励励磁控制台、电工仪表（万用表、直流电流表、交流电压表、频率表、转速表）等。

6.2.3　知识准备

1. 内容复习

（1）船舶电站的基本结构组成。
（2）同步发电机电压建立的方法步骤；
（3）同步发电机配电屏组成部分的功能及操作方法。

2. 同步发电机空载运行及空载特性概念

同步发电机被原动机拖动到同步转速，转子励磁绕组通入直流励磁电流而定子绕组开路时的运行工况称为空载运行。

改变励磁电流 I_f，可以得到不同的电压 E_0，由此可以得到空载特性曲线（又称磁化曲线）。

6.2.4　实验步骤

（1）发电机组起动之前，必须检查以下内容，否则不能起动发电机组：①确认他励励磁控制台电源开关断开，且他励励磁调节旋钮左旋到底至最小值；②确认负载开关均断开。

检查无误后，将记录台上的他励励磁调节旋钮下方的两个接线端钮断开，将直流电流表串联接入这两个端钮之间（作他励空载特性曲线时要测量此励磁电流 I_f）。

（2）选择励磁方式为他励，按照同步发电机电压建立的步骤起动原动机至额定转速（1500 r/min），并确保实验过程中电动机转速保持在额定值。

（3）闭合他励励磁控制台的他励电源开关（220 V 交流）。

（4）顺时针缓慢调节记录台的电压调节旋钮，对同步发电机进行励磁（为直流，100 V 以下）调节，使励磁电流 I_f 由零逐渐增大，同时观察发电机控制屏上的电压表（指示同步发电机的输出电压）和频率表，会发现同步发电机的空载电压 E_0 也随之增加，直至发电机电压为额定电压（400 V）的 1.1 倍，频率表为 50 Hz，并将相应的 I_f 和 E_0 记入表 6.2.1 中。

表 6.2.1　同步发电机空载特性实验记录表

E_0							$n = n_N$
I_f							

根据实验数据用平滑的曲线连接各测试点，可绘出同步发电机的空载特性曲线。

（5）逆时针缓慢调节记录台的电压调节旋钮，直至发电机电压降为零，频率表不显示。

（6）关闭记录台的他励电源开关。

注意：每次实验，都必须将电压调节旋钮逆时针旋至最小，方可切断他励工作电源。

（7）停机操作步骤参照同步发电机电压建立实验的停机过程。

注意：只有确认同步发电机转速为零后才能按下停机按钮。

6.2.5　实验注意事项

（1）发电机组在运行过程中，"励磁选择"开关禁止再旋转改变。

（2）调节电动机加速时一定要缓慢，转速达到 1400 r/min 之后，要使用点动的方式调节转速，避免转速升得过快。

（3）测试过程中不能切换直流电流表的量程。

（4）用万用表在汇流排上测量发电机电压时，务必注意安全。

（5）若双号电站已完成实验操作而准备切断电源，与之相邻的单号电站还在实验过程中时，双号电站只能切断其原动机电源，而不能切断其市电电源。

（6）发电机组停机前，要关闭他励励磁电源。

（7）每次实验时，要确认原动机转速降至零后方才可以切断原动机和市电电源，为下一次实验做好准备。

6.3　同步发电机外特性

6.3.1　实验内容及要求

同步发电机组的起动、调速及停机；在他励励磁方式的情况下，测定同步发电机的外特性。

6.3.2　实验器材及装置

同步发电机组，他励励磁控制台，三相可调电阻、电感，电工仪表（万用表、直流电流表、交流电压表、频率表、转速表）等。

6.3.3　知识准备

1. 内容复习

（1）了解船舶电站的基本结构组成。

（2）掌握同步发电机电压建立的方法步骤。

（3）掌握同步发电机配电屏组成部分的功能及操作方法。

2. 同步发电机外特性的概念

同步发电机的外特性是指发电机转速保持同步转速，励磁电流和负载功率因数保持不变时，发电机的端电压与负载电流之间的关系曲线，即 $n = n_N$、$I_f =$ 常数、$\cos\varphi =$ 常数时的 $U = f(I)$。

6.3.4　实验步骤

（1）发电机组起动之前，必须检查以下内容，否则不能起动发电机组：①确认他励励磁控制台电源开关断开，且他励励磁调节旋钮左旋到底至最小值；②确认负载开关均断开。

检查无误后，将记录台上的他励励磁调节旋钮下方的两个接线端钮断开，将直流电流表串联接入这两个端钮之间（作外特性曲线时要测量此励磁电流 I_f）。

（2）选择励磁方式为他励，按照同步发电机电压建立的步骤起动原动机至额定转速（1500 r/min），并确保实验过程中电动机转速保持在额定值。

（3）接通他励励磁控制台的他励电源开关（220 V 交流）。

（4）顺时针缓慢调节记录台的电压调节旋钮，对同步发电机进行励磁（为直流，100 V 以下）调节，使励磁电流 I_f 由零逐渐增大，直到同步发电机的输出电压达到额定值，记下此时的 I_f 并在整个实验过程中保持不变。

（5）在发电机电压建立的情况下，操作发电机控制屏上的电压测量开关，可以观察到发电机 AB、BC、CA 均为发电机线电压，AC400 V 左右，频率为 50 Hz。

（6）闭合发电机主开关的合闸按钮（绿色），此时主开关合闸灯亮（绿色）而分闸灯灭（红色）。

（7）操作电压测量开关，转换至汇流排，可以观察到电压表分别显示汇流排 AB、BC、CA 为 AC400 V 左右，频率为 50 Hz。

（8）将发电机控制屏上的电流测量开关选至 A、B、C 三挡中任意一挡（此开关为发电机负载电流测量选择开关）。

（9）加负载，打开发电机控制屏上门，合上负载电源开关，再闭合负载柜的负载开关，此时可以观察电流表、功率表、功率因数表的指示情况。

（10）在保持原动机的转速 n_N 不变及励磁电流 I_f 不变的情况下，接入不同形式的负载，进行实验数据的测试。

第一，求纯电阻负载（$\cos\varphi = 1$）时的外特性。

若加电阻负载，在机组负载柜体上面（控制台对面）依次合上电阻开关，功率表指示逐渐增大，电流表指示逐渐增大，记录台上数显表显示出负载电流。

将相对应的发电机端电压 U_R 和负载电流 I_R 记入表 6.3.1 中。

表 6.3.1　同步发电机加纯电阻负载时外特性实验记录表

U_R								$n = n_N$
I_R								$I_f = I_{fN}$

按照实验数据画出同步发电机在纯电阻负载时的外特性曲线。

第二，求纯电感负载（$\cos\varphi \approx 0$）时的外特性。

若加电感负载，合上其中一个电感负载开关，观察功率因数表指示情况。将相对应的发电机端电压 U_L 和负载电流 I_L 记入表 6.3.2 中。

表 6.3.2　同步发电机加纯电感负载时外特性实验记录表

U_L								$n = n_N$
I_L								$I_f = I_{fN}$

按照实验数据画出同步发电机在纯电感负载时的外特性曲线。

注意：一次只能闭合一个纯电感负载开关，而不能同时闭合两个纯电感负载开关，否则发电机主开关会故障跳闸。

第三，求一般性阻感负载时的外特性。

将电阻负载和电感负载进行搭配使用，保持功率因数不变，操作方法与上述完全相同。将对应的端电压 U 和负载电流 I 记入表 6.3.3 中。

表 6.3.3　同步发电机加一般性阻感负载时外特性实验记录表

U							$n = n_N$
I							$I_f = I_{fN}$

按照实验数据画出同步发电机在一般性阻感负载时的外特性曲线。

（11）实验数据测试完毕后，分级切除负载，按下发电机主开关分闸按钮（红色），左旋他励励磁调节旋钮，使励磁电流为零，关闭他励励磁电源，降低原动机转速至停机。

6.3.5　实验注意事项

（1）发电机组在运行过程中，"励磁选择"开关禁止再旋转改变。

（2）调节电动机加速时一定要缓慢，转速达到 1400 r/min 之后，要使用点动的方式调节转速，避免转速升得过快。

（3）测试过程中不能切换直流电流表的量程。

（4）用万用表在汇流排上测量发电机电压时，务必注意安全。

（5）若双号电站已完成实验操作而准备切断电源，与之相邻的单号电站还在实验过程中，则双号电站只能切断其原动机电源，而不能切断其市电电源。

（6）发电机组停机前，要关闭他励励磁电源。

（7）每次实验时，要确认原动机转速降至零后方才可以切断原动机和市电电源，为下一次实验做好准备。

6.4　同步发电机励磁调节特性

6.4.1　实验内容及要求

同步发电机组的起动、调速及停机；在他励励磁方式的情况下，测定同步发电机的励磁调节特性。

6.4.2　实验器材及装置

三相同步发电机组，他励励磁控制台，三相可调电阻、电感，电工仪表（万用表、直流电流表、交流电压表、频率表、转速表）等。

6.4.3　知识准备

1. 内容复习

（1）了解船舶电站的基本结构组成。
（2）掌握同步发电机电压建立的方法步骤。
（3）掌握同步发电机配电屏组成部分的功能及操作方法。

2. 同步发电机励磁调节特性的概念

同步发电机的励磁系统一般由励磁功率单元和励磁调节器两部分组成，它们和同步发电机结合在一起构成一个闭环反馈控制系统，称为励磁控制系统。励磁功率单元包括励磁机或励磁变压器、可控硅整流器等，它向同步发电机提供直流电流，即励磁电流；励磁调节器根据输入信号和给定的调节规律控制励磁功率单元的输出。励磁控制系统的三大基本任务是稳定电压、合理分配无功功率和提高电力系统稳定性。

同步发电机的励磁调节特性是指发电机转速保持为同步转速、负载功率因数 $\cos\varphi$ 不变、端电压 U 保持为常数时，励磁电流 I_f 和负载电流 I 之间的函数关系，即 $n=n_N$、$U=U_N$ 及 $\cos\varphi=$ 常数时的 $I_f=f(I)$。电阻、电感性的负载增加，励磁电流要增加。电容性负载时，励磁电流可能需要减小。

6.4.4　实验步骤

（1）发电机组起动之前，必须检查以下内容，否则不能起动发电机组：①确认他励励磁控制台电源开关断开，且他励励磁调节旋钮左旋到底至最小值；②确认负载开关均断开。

检查无误后，将记录台上的他励励磁调节旋钮下方的两个接线端钮断开，将直流电流表串联接入这两个端钮之间（作励磁调节特性曲线时要测量此励磁电流 I_f）。

（2）选择励磁方式为他励，按照同步发电机电压建立的步骤起动原动机至额定转速（1500 r/min），并确保实验过程中电动机转速保持在额定值。

（3）接通他励励磁控制台的他励电源开关（220 V 交流）。

（4）顺时针缓慢调节记录台的电压调节旋钮，对同步发电机进行励磁（为直流，100 V 以下）调节，使励磁电流 I_f 由零逐渐增大，直到同步发电机的输出电压达到额定值，记下此时的 U_N 和 I_f。

（5）在发电机电压建立的情况下，操作发电机控制屏上的电压测量开关，可以观察到发电机 AB、BC、CA 均为发电机线电压大约 AC400 V，频率表是 50 Hz。

（6）闭合发电机主开关的合闸按钮（绿色），此时主开关合闸灯亮（绿色）而分闸灯灭（红色）。

（7）操作电压测量开关，转换至汇流排，可以观察到电压表分别显示汇流排 AB、BC、CA 为 AC400 V 左右，频率为 50 Hz。

（8）将发电机控制屏上的电流测量开关选至 A、B、C 三挡中任意一挡（此开关为发电机负载电流测量选择开关）。

（9）加负载，打开发电机控制屏上门，合上负载电源开关，再闭合负载柜上的负载开关，此时可以观察电流表、功率表、功率因数表的指示情况。

（10）在保持原动机转速 n_N 不变及端电压 U_N 不变的情况下，接入不同形式的负载，进行实验数据的测试。

第一，求纯电阻负载（$\cos\varphi = 1$）时的励磁调节特性。

若加电阻负载，则在机组负载柜体上面（控制台对面）依次合上电阻开关，功率表指示逐渐增大，电流表指示逐渐增大，记录台上数显表显示出负载电流。

将相对应的发电机励磁电流 I_{fR} 和负载电流 I_R 记入表 6.4.1 中。

表 6.4.1　同步发电机加纯电阻负载时励磁调节特性实验记录表

I_{fR}							$n = n_N$
I_R							$U = U_N$

按照实验数据画出同步发电机在纯电阻负载时的励磁调节特性曲线。

第二，求纯电感负载（$\cos\varphi \approx 0$）时的励磁调节特性。

若加电感负载，合上其中一个电感负载开关，观察功率因数表指示情况。将相对应的发电机励磁电流 I_{fL} 和负载电流 I_L 记入表 6.4.2 中。

表 6.4.2　同步发电机加纯电感负载时励磁调节特性实验记录表

I_{fL}							$n = n_N$
I_L							$U = U_N$

按照实验数据画出同步发电机在纯电感负载时的励磁调节特性曲线。

注意：一次只能闭合一个纯电感负载开关，而不能同时闭合两个纯电感负载开关，否则发电机主开关会故障跳闸。

第三，求一般性阻感负载时的励磁调节特性。

将电阻负载和电感负载进行搭配使用，保持功率因数不变，操作方法与上述完全相同。将对应的励磁电流 I_f 和负载电流 I 记入表 6.4.3 中。

表 6.4.3　同步发电机加一般性阻感负载时励磁调节特性实验记录表

I_f							$n = n_N$
I							$U = U_N$

按照实验数据画出同步发电机在一般性阻感负载时的励磁调节特性曲线。

（11）实验数据测试完毕后，分级切除负载，按下发电机主开关分闸按钮（红色），左旋他励励磁调节旋钮，使励磁电流为零，关闭他励励磁电源，降低原动机转速至停机。

6.4.5　实验注意事项

（1）发电机组在运行过程中，"励磁选择"开关禁止再旋转改变。

（2）调节电动机加速时一定要缓慢，转速达到 1400 r/min 之后，要使用点动的方式调节转速，避免转速升得过快。

（3）测试过程中不能切换直流电流表的量程。

（4）用万用表在汇流排上测量发电机电压时，务必注意安全。

（5）使用电感负载时，不能同时闭合两只纯电感负载开关，否则发电机主开关会故障跳闸。

（6）励磁电流较大时，他励励磁控制台中的电源也要承受较大的电流，注意励磁电流不能调节到太大，并注意控制实验的时间，否则可能会烧坏他励电源。

（7）发电机组停机前，要关闭他励励磁电源。

（8）每次实验时，要确认原动机转速降至零后方才可以切断原动机和市电电源，为下一次实验做好准备。

（9）若双号电站已完成实验操作而准备切断电源，与之相邻的单号电站还在实验过程中，则双号电站只能切断其原动机电源，而不能切断其市电电源。

6.5 同步发电机并联运行

6.5.1 实验内容及要求

同步发电机组的起动、调速及停机；手动准同步并车的实验操作步骤及方法。

6.5.2 实验器材及装置

三相同步发电机组，三相可调电阻、电感，电工仪表（万用表、直流电流表、交流电压表、频率表、转速表）等。

6.5.3 知识准备

1. 内容复习

（1）同步发电机电压建立的方法步骤。

（2）同步发电机配电屏组成部分的功能及操作方法。

（3）回顾空载运行、负载运行及特性曲线的测试方法。

2. 同步发电机并车操作的相关知识

1）船舶并车操作的场合

在船舶上通常有三种情况需要并车操作：

（1）需要满足电网负荷的需求，当单机负荷达到 80%额定容量且负荷仍有可能增加时，就要考虑并联另一台发电机。

（2）当处于进出港靠离码头或进出狭水道等的机动航行状态时，为了船舶航行的安全，需要两台发电机并联运行。

（3）当需要用备用机组替换下运行供电的机组时，为了保证不中断供电，需要通过并车进行替换。

2）同步发电机的并车条件

准同步并车方式是目前船舶上普遍采用的一种并车方法。为了使并联运行的交流同步发电机保持稳定工作，每台并联运行的发电机必须满足如下条件：

（1）待并机组的相序与运行机组（或电网）的相序一致。

（2）待并机组的电压与运行机组（或电网）的电压大小相等。

（3）待并机组电压的初相位与运行机组（或电网）电压的初相位相同。

（4）待并机组电压的频率与运行机组（或电网）电压的频率大小相等。

在以上情况下，待并机组与电网间不会产生冲击电流，这是准整步的理想情况。

在实际并车条件下，除相序外，其他条件很难做到完全一致，因此应根据手动准同步并车的步骤，利用同步表的显示及发电机调速按钮，控制同步发电机的并车。实际并车时，有一定的频差能快速投入并联运行。

6.5.4 实验步骤

1. 工作发电机起动与带载

（1）发电机组起动前的检查及准备工作：发电机组起动之前，必须确认负载开关均断开，否则不能起动发电机组。

（2）将电压表旋钮扭到测 AB 线电压，将电流表旋钮扭到测 A 相电流，励磁调节器旋钮选择"相复励"运行方式。

（3）合上控制屏内电源开关，检查控制屏上各信号灯状态，其中"原动机停止""发电机开关分闸灯""母联开关断开灯"三个红灯亮起，其他灯均为熄灭状态。

（4）按下控制屏上的"原动机起动"按钮使原动机起动，这时"原动机起动"的绿灯亮起。

（5）将调速选择旋钮扭向"加速"，将原动机的转速加速到额定转速 1500 r/min，这时发电机电压应达到额定电压。

（6）将电压表旋钮分别扭到测 BC、CA 的电压，观察电压表显示是否为额定电压，如有异常要报告。

（7）按下"发电机开关"，发电机的"发电机主开关合闸灯"亮起，闭合负载开关，给发电机带上电阻负载 5 kW 和电感负载 1 kvar，在加载过程中观察发电机转速，若下降则增加到 1500 r/min。

（8）闭合母联开关，为并车做好准备。

注意：调速过程中，转速增加到 1400 r/min 后要每次 10 r/min 地逐步增加转速，不要超速。

2. 手动准同步并车

（1）起动待并机组，使其转速达到额定转速，电压达到额定电压。

（2）调频：调节调速选择旋钮使待并机发电机的转速比工作发电机略高，转速差控制在 5 r/min 以内。

（3）调压：用万用表测量工作发电机的 AB 线电压，记下读数，然后测量待并机发电机的对应线电压，比较工作发电机和待并机发电机的电压值，微调调压选择旋钮，使得待并机发电机的线电压比工作发电机略高，电压差控制在 5 V 以内。

（4）调压后观察工作发电机和待并机发电机的转速差是否有变化，若有变化，进行微调使其满足并车要求。

（5）此时表示电压差、频率差均满足条件，将同步测量选择旋钮扭至待并机方向，整步表开始工作，按下手动并车按钮，观察旋转灯的位置，当旋转至 0°位置（正中）前某一合适时刻时，系统将自动将待并机发电机并入电网中。

注意：并车成功后要及时关闭整步表。

（6）观察待并机发电机和工作发电机的功率表，若待并机发电机输出功率较小，则微调增加待并机发电机转速，同时减小工作发电机转速，使得功率均分，两机承担相同的负载。

并车后，电流、功率、功率因数各项指标基本一样，才算并车完成。

3. 转移负载和解列操作

（1）如果要解列工作发电机，则要转移负载，继续降低其转速，使其所带负载继续减小，观察工作发电机输出功率减小到 1 kW 以下时，按下工作发电机的主开关分闸按钮，使其解列，此时待并机发电机承担全部负载。如果要解列待并机发电机，操作方法类似。

注意：转移负载时，注意不能使发电机出现逆功率。

（2）将调速选择旋钮扭向"减速"，将原动机的转速减速到零，完成对工作发电机的停机操作。

注意：此时，原工作发电机停机后母联开关不能断开。

4. 待并机停机

（1）先将感性负载切除，再逐步将电阻负载切除，同时观察发电机转速是否上升超过额定转速，超过则手动调整调速旋钮降低转速。负载全部切除后，将母联开关和发电机开关断开。

（2）重复工作发电机的停机过程，将发电机转速降低到零，停机。

（3）将操作电源切断，所有旋钮复位。

6.5.5　实验注意事项

（1）调节发电机组加速时一定要缓慢，转速达到 1400 r/min 之后，要使用点动的方式调节转速，避免转速升得过快。

（2）用万用表在汇流排上测量发电机电压时，务必注意安全。

（3）使用电感负载时，不能同时闭合两个纯电感负载开关，否则发电机主开关会故障跳闸。

（4）并车成功后要及时关闭同步表，避免同步表长时间通电烧掉。

（5）每次实验时，要确认原动机转速降至零后方才可以切断原动机和市电电源，为下一次实验做好准备。

第 7 章
基础能力训练

7.1 常用电工工具及使用

正确使用电工工具，不但能提高工作效率和施工质量，而且能减轻劳动强度，保证操作安全，延长工具使用寿命。

7.1.1 验电器

验电器是检验导线和电气设备是否带电的一种常用电工工具，可分为低压验电器和高压验电器两类。高压验电器又称高压测电器，用来检查高压供电线路是否有电，这里不做详细介绍，下面介绍低压验电器。

低压验电器又称测电笔（简称电笔），有钢笔式和螺丝刀式两种，如图 7.1.1 所示，其检测电压范围为 60～500 V，由氖管、电阻、弹簧和笔身等部分组成。

(a) 钢笔式　　　　　　　　　　　　　(b) 螺丝刀式

图 7.1.1　电笔

当用电笔测试带电体时，以手指或手掌触及笔尾的金属体。带电体经电笔、人体到大地形成通电回路，只要带电体与大地之间的电位差超过 60 V，电笔中氖管就会发出红色的辉光。

电笔在使用时，必须按照图 7.1.2（a）及图 7.1.3（a）所示的方法握妥，即以手指触及笔尾的金属体，并使氖管小窗背光朝向自己，以便于观察；同时要防止笔尖的金属体触及皮肤，以避免触电。在螺丝刀式电笔的金属杆上，必须套上绝缘管，仅留出刀口部分供测试使用。

使用电笔的注意事项：

（1）使用电笔前，一定要在有电的电源上检查氖管能否正常发光。

（2）在明亮的光线下测试时，往往不易看清氖管的辉光，所以应当避光检测。

（3）电笔的金属探头多制成螺丝刀形状，它只能承受很小的扭矩，使用时应特别注意，以免损坏。

(a) 螺丝刀式电笔正确握法　　　　　　　　　(b) 螺丝刀式电笔错误握法

图 7.1.2　螺丝刀式电笔的握法

(a) 钢笔式电笔正确握法　　　　　(b) 钢笔式电笔错误握法

图 7.1.3　钢笔式电笔的握法

（4）电笔不可受潮，不可随意拆装或受剧烈振动，以保证测试的可靠性。

（5）要防止电笔笔尖金属体触到皮肤，以防触电。

电笔的使用经验：

（1）可根据氖管发亮的强弱来估计电压的高低，氖管越暗，表明电压越低；氖管越亮，表明电压越高。

（2）在交流电路中，当电笔触及导线时，氖管发亮的是相线（正常情况下，零线是不会使氖管发亮的）。

（3）交流电通过电笔时，氖管里两个电极同时发亮；直流电通过时，只有一个电极发亮。

（4）用电笔触及电机、变压器等电气设备外壳，若氖管发亮，则说明该设备相线有碰壳现象；若壳体上有良好接地装置，则氖管是不会发光的。

（5）在三相三线制星形接法的交流电路中，用电笔测试时，如果两根相线很亮，而另一根不亮，则这三相有接地现象。

7.1.2　钳类工具

1. 钢丝钳

钢丝钳又称平口钳、老虎钳，是电气应用最为频繁的工具，外形如图 7.1.4 所示。

图 7.1.4　钢丝钳

1-钳口；2-齿口；3-刀口；4-铡口；5-绝缘管

钢丝钳的功能：钳口用于弯绞或钳夹导线线头或者其他物体；齿口用来紧固或起松螺母；

刀口用于剪断导线，剥除软导线的绝缘层，起拔铁钉等；铡口用于铡断钢丝、铁丝等硬度较大的金属丝。电工所用的钢丝钳，在钳柄上必须套有交流耐压不低于 500 V 的绝缘管。

使用钢丝钳的注意事项：

（1）钳头不可作为敲打工具使用。

（2）平时保存应注意防锈。

（3）钳头的轴销上应经常加机油润滑，以保证使用灵活。

（4）使用前应检查绝缘套是否完好，破损的绝缘套必须更换。

（5）在切断带电导线时，不能将相线和中性线或者不同相位的相线在一个钳口处同时切断，以免发生短路。

2. 尖嘴钳

尖嘴钳绝缘柄的耐压强度一般为 500 V，其头部尖细，适用于在狭小的工作空间操作。尖嘴钳的外形如图 7.1.5 所示。

尖嘴钳的用途：刀口可用来剪断细小的金属丝；能夹持较小的螺钉、垫圈、导线等元件；在装接控制线路板时，能将单股导线弯成所需形状。

使用尖嘴钳的注意事项：

（1）尖嘴钳可带电操作，但严禁使用塑料柄破损的尖嘴钳在非安全电压范围内操作。

图 7.1.5　尖嘴钳

（2）不允许把尖嘴钳当锤子使用。

3. 偏口钳

偏口钳又称斜口钳，其头部偏斜，电工用偏口钳的钳柄采用绝缘柄，其外形如图 7.1.6 所示。在剪切导线，尤其是剪切印制线路板上过长的元件引线时，偏口钳最为适用。偏口钳还可以代替剪刀剪切绝缘套层、尼龙扎线卡等。

偏口钳使用时的注意事项与尖嘴钳大体相同。操作时还应注意双眼不要直视被剪物，防止剪下的线头飞溅，伤及眼部。不允许用偏口钳剪切螺钉及较粗的钢丝等，防止损坏钳口。

图 7.1.6　偏口钳

4. 剥线钳

需要剥除电线端部绝缘层（如橡皮层、塑料层等）时，常选用剥线钳。剥线钳的手柄是绝缘的，因此可以带电操作，工作电压一般不允许超过 500 V。剥线钳的优点是使用效率高，剥线尺寸准确，不易损伤芯线。其钳口处有数个不同直径的小孔，可根据待剥导线的线径选用，以达到既能剥掉绝缘层，又不损伤芯线的目的。图 7.1.7 为常见剥线钳的外形。

(a) 带刃口剥线钳　　　　　　　　(b) 自动剥线钳

图 7.1.7　剥线钳

剥线钳的使用方法是一只手拿着待剥导线，另一只手捏住钳柄。将导线放进选定的钳口内，紧握钳柄用力合拢，便可切断导线的绝缘层并同时将其拉出，然后将钳柄松开，取出导线。

使用剥线钳的注意事项：

（1）使切口与被剥导线芯线直径相匹配，切口过大难以剥离绝缘层，切口过小会切断芯线。

（2）带电操作之前，必须检查绝缘把套的绝缘是否良好，以防绝缘损坏，发生触电事故。

5. 压线钳

压线钳可用于压制各种线材，如果要使用接线端子，那么压线钳将是必不可少的（图 7.1.8）。

图 7.1.8　常用压线钳

1）使用实例 1

（1）将导线进行剥线处理，裸线长度约 1.5 mm，与压线片的压线部位大致相等（图 7.1.9）。

图 7.1.9　压线钳的使用示范步骤一

（2）将压线片的开口方向向着压线槽放入，并使压线片尾部的金属带与压线钳平齐（图7.1.10）。

图7.1.10　压线钳的使用示范步骤二

（3）将导线插入压线片，对齐后压紧（图7.1.11）。

图7.1.11　压线钳的使用示范步骤三

（4）将压线片取出，观察压线的效果，掰去压线片尾部的金属带即可使用（图7.1.12）。

图7.1.12　压线钳的使用示范步骤四

2）使用实例2

当使用的导线端子是针形接线端子时，可以使用图7.1.13中的压线钳进行压接操作。

(a) 压线钳   (b) 待压接导线   (c) 针形接线端子

图 7.1.13   使用压线钳对针形接线端子进行压接

（1）首先使用剥线钳将导线一端适当长度的绝缘层剥离，如图 7.1.14 所示，剥好的导线会露出导电的铜芯线部分，这里使用的是多股铜芯线。

图 7.1.14   将导线一端绝缘层剥离

（2）将多股铜芯线用手顺时针或逆时针方向拧成一股，如图 7.1.15 所示。

（3）将针形接线端子套在铜芯线上，注意针形接线端子的塑料护套部分应完全看不到裸露的铜芯线，如图 7.1.16 所示。

图 7.1.15   将多股铜芯线拧成一股   图 7.1.16   套上针形接线端子

（4）将针形接线端子的金属部分完全放入压线钳的压接孔内，注意针形接线端子的塑料护套部分不能进入压接孔，如图 7.1.17 所示。

（5）用力压住压线钳的操作手柄，对针形接线端子的金属部分进行充分压接。压接后松开操作手柄，取出导线，如图 7.1.18 所示。

图 7.1.17　将针形接线端子放入压接孔　　　图 7.1.18　压接针形接线端子的金属部分

图 7.1.19　压好的针形接线端子

（6）压好的针形接线端子如图 7.1.19 所示，可以看出针形接线端子的金属部分有明显的压痕。此时用手可以稍用力拔扯针形接线端子，检验针形接线端子和导线是否连接牢靠。

7.1.3　螺钉旋具

螺钉旋具俗称螺丝刀，又称起子、改锥等，它是一种紧固或拆卸螺钉的工具。螺钉旋具式样和规格很多，按头部形状可分为一字形和十字形两种，如图 7.1.20 所示，每一种又分为若干个规格。电工多采用绝缘性能较好的塑料柄螺丝刀。

(a) 一字形螺钉旋具　　　　　　　　　　　(b) 十字形螺钉旋具

图 7.1.20　螺钉旋具

1. 一字形螺钉旋具

一字形螺钉旋具又称平口起，用来紧固或拆卸一字槽的螺钉和螺丝，它的规格用握柄以外的刀杆长度来表示，常有 75 mm、125 mm、150 mm、200 mm、300 mm、400 mm 等规格。

2. 十字形螺钉旋具

十字形螺钉旋具又称梅花起，用来紧固或拆卸十字槽的螺钉和螺丝，常用的规格有四种：Ⅰ号适用于直径为 2～2.5 mm 的螺钉，Ⅱ号适用于直径为 3～5 mm 的螺钉，Ⅲ号适用于直径为

6～8 mm 的螺钉，IV号适用于直径为 10～12 mm 的螺钉。

3. 多用形螺钉旋具

多用形螺钉旋具是一种组合工具，握柄和刀体是可拆卸的。它除具有多种规格的一字形、十字形刀体外，还附有一支钢钻，可用来预钻木螺丝的孔。握柄采用塑料制成，有的还具有试电笔的功能。

使用螺钉旋具的注意事项：

（1）电工不可以使用金属杆直通柄顶的螺钉旋具，否则易造成触电事故。

（2）紧固或拆卸带电的螺钉时，手不得触及螺钉旋具的金属杆，以免发生触电事故。使用大螺钉旋具时，除大拇指、食指和中指要夹住握柄，手掌还要顶住柄的末端，以防旋转时滑脱。使用小螺钉旋具时，可用大拇指和中指夹着握柄，用食指顶住柄的末端进行旋转。

（3）为避免螺钉旋具的金属杆触及皮肤或邻近带电体，应在金属杆上穿套绝缘管。

（4）带电操作时应选择带绝缘手柄的螺钉旋具，使用前要检查绝缘是否良好。

（5）螺钉旋具的头部形状和尺寸应与螺钉尾槽的形状及大小相匹配，严禁用小螺丝刀去拧大螺钉，或用大螺丝刀拧小螺钉。

（6）螺钉旋具不能作为凿子使用。

7.1.4 扳手

1. 活动扳手

活动扳手又称活络扳手，是用来紧固和松开螺母的一种专用工具，主要由头部和柄部组成。头部又由呆扳唇、活络扳唇、扳口、蜗轮和轴销等构成，旋动蜗轮可调节扳口的大小，如图 7.1.21 所示。其规格是以长度×最大开口宽度（单位：mm×mm）来表示的，有 150 mm×19 mm（6′）、200 mm×24 mm（8′）、250 mm×30 mm（10′）和 300 mm×36 mm（12′）四种。

(a) 活动扳手的外形

1-呆扳唇；2-扳口；3-活络扳唇；4-轴销；5-蜗轮；6-手柄

(b) 扳动较大螺母时的握法　　　　(c) 扳动较小螺母时的握法

图 7.1.21　活动扳手

使用活动扳手的注意事项：

（1）扳动大螺母时，需用较大力矩，手应握在近柄尾处。

（2）扳动较小螺母时，需用力矩不大，但螺母过小易打滑，故手应握在接近头部的地方，随时调节蜗轮，收紧呆扳唇，防止打滑。

（3）活动扳手不可反用，以免损坏呆扳唇，也不可用钢管接长手柄来施加较大的扳拧力矩。

（4）活动扳手不得当作撬棒和手锤使用。

2. 其他常用扳手

1）呆扳手

呆扳手又称死扳手，其开口宽度不能调节，有单端开口和两端开口两种形式，分别称为单头扳手和双头扳手。单头扳手的规格以开口宽度表示，双头扳手的规格以两端开口宽度（单位：mm×mm）表示，如 8 mm×10 mm、32 mm×36 mm 等。

2）梅花扳手

梅花扳手都是双头形式，它的工作部分为封闭圆，封闭圆内分布了 12 个可与六角头螺钉或螺母相配的牙型。其规格表示方法与双头扳手相同。

3）两用扳手

两用扳手一端与单头扳手相同，另一端与梅花扳手相同，两端同一规格。

4）套筒扳手

套筒扳手由一套尺寸不同的梅花套筒头和一些附件组成，可用在一般扳手难以接近螺钉和螺母的场合。

5）内六角扳手

内六角扳手用于旋动内六角螺钉，其规格以六角形对边的尺寸来表示，最小的规格为 3 mm，最大的为 27 mm。

7.1.5 电工刀

电工刀主要用来剖削或切割电工器材，如剖削电线电缆绝缘层、切割木台缺口、削制木桩及软金属等，其结构如图 7.1.22 所示。有的电工刀还带有手锯和尖锥，用于电工器材的切割与扎孔。

图 7.1.22 电工刀

使用电工刀的注意事项：
（1）使用时，刀口应朝外进行剖削。
（2）剖削导线绝缘层时，应使刀面与导线呈较小的锐角，以免割伤导线。
（3）使用电工刀应注意避免伤手，用毕应随即将刀身折进刀柄。
（4）电工刀刀柄是无绝缘保护的，不能在带电导线或器材上剖削，以防触电。

7.1.6　电烙铁

电工在安装和维修过程中常常通过锡焊方法对铜、铜合金、镀锌薄钢板等材料进行焊接，电烙铁就是焊接的主要工具。它由烙铁头、烙铁心、外壳、手柄、插头等部分组成。电烙铁按加热方式的不同可分为内热式和外热式。近年来，恒温式电烙铁和吸锡式电烙铁等产品也相继出现。电烙铁的规格是以消耗的电功率来表示的，通常有 25 W、45 W、75 W、100 W 和 300 W 几种。常见电烙铁及烙铁架如图 7.1.23 所示。

(a) 电烙铁　　　　　　　　　　　　(b) 烙铁架

图 7.1.23　常见电烙铁及烙铁架

使用电烙铁的注意事项：

（1）根据焊接对象合理选用不同类型的电烙铁。如果功率过大，既浪费电力，又易烙坏元件；如果功率过小，又会因热量不够影响焊接质量。

（2）电烙铁用毕，要随时拔去电源插头，以节约电力，延长使用寿命。

（3）在导电地面使用时，电烙铁的金属外壳必须妥善接地，以防漏电时触电。

（4）使用过程中不要任意敲击电烙铁头以免损坏。内热式电烙铁连接杆钢管壁厚度只有 0.2 mm，不能用钳子夹，以免损坏。

（5）在使用过程中应经常维护，保证烙铁头挂上一层薄锡。

7.1.7　吸锡器

吸锡器是一种修理电器用的工具，收集拆卸焊盘电子元件时熔化的焊锡，有手动、电动两种，如图 7.1.24 所示。

(a) 手动吸锡器　　　　　　　　　　　　(b) 电动吸锡器

图 7.1.24　吸锡器

1. 吸锡器使用步骤

（1）先把吸锡器活塞向下压至卡住。

（2）用电烙铁加热焊点至焊料熔化。

（3）移开电烙铁的同时，迅速把吸锡器贴上焊点，并按动吸锡器按钮。

（4）一次吸不干净，可重复操作多次。

2. 吸锡器拆卸集成块

1）吸锡器吸锡拆卸法

使用吸锡器拆卸集成块，这是一种常用的专业方法，使用工具为普通吸、焊两用电烙铁，功率在 35 W 以上。拆卸集成块时，只要将加热后的两用电烙铁头放在要拆卸的集成块引脚上，待焊点锡熔化后被吸入吸锡器内，全部引脚的焊锡吸完后集成块即可拿掉。

2）其他几种焊盘拆焊方法

调试、维修或焊接错误等情况下，都需要对元器件进行更换。在更换元器件时，就需要拆焊。拆焊的方法不当，往往会造成元器件的损坏、印制导线的断裂，甚至焊盘的脱落。尤其是在更换集成电路块时，就更加困难。

（1）用吸锡器进行拆焊。

首先将吸锡器里面的气压出并卡住，其次将被拆的焊点加热，使焊料熔化，再次把吸锡器的吸嘴对准熔化的焊料，最后按一下吸锡器上的小凸点，焊料就被吸进吸锡器内。

（2）用吸锡电烙铁（电热吸锡器）拆焊。

吸锡电烙铁也是一种专用拆焊烙铁，它能在对焊点加热的同时，把锡吸入内腔，从而完成拆焊。

（3）用吸锡带（铜编织线）进行拆焊。

将吸锡带前端蘸上松香，放在将要拆焊的焊点上，再把电烙铁放在吸锡带上加热焊点，待焊锡熔化后，就被吸锡带吸去。如果焊点上的焊料一次没有被吸完，可重复操作，直到吸完。将吸锡带吸满焊料的部分剪去。

3. 吸锡器使用技巧

（1）要确保吸锡器活塞密封良好。通电前，用手指堵住吸锡器头的小孔，按下按钮，如活塞不易弹出到位，说明密封是好的。

（2）吸锡器头的孔径有不同尺寸，要选择合适的规格使用。

（3）吸锡器头用旧后，要适时更换新的。

（4）接触焊点以前，每次都蘸一点松香，改善焊锡的流动性。

（5）头部接触焊点的时间稍长些，当焊锡熔化后，以焊点针脚为中心，手向外按顺时针方向画一个圆圈之后，再按动吸锡器按钮。

7.1.8　拉具

拉具又称房子、拉模、拉扒或拉盘，分为两爪和三爪两种，如图 7.1.25 和图 7.1.26 所示。

使用时，用爪钩抓住工件的内圈，顶杆轴心与工件轴心线重合，旋动螺杆顶端即可拆下工件。它具有操作轻便、快速、平衡、起拔力大等优点，特别适用于轴承与内轴盖等间隙特别小的场合。同时，也可用于外径在其范围内的短圆柱体齿轮、联轴器、皮带轮的拆卸。

图 7.1.25　两爪拉具　　　　　　　　　图 7.1.26　三爪拉具

7.1.9　转速表

转速表可用来测定电动机转轴旋转的速度，也可用来测定负载端机械轮的转速，如图 7.1.27 所示。

(a) 机械式转速表　　　　　(b) 数字式转速表

图 7.1.27　转速表

使用转速表的注意事项：

（1）在使用利用离心力原理的机械式转速表测电动机转轴的转速之前，应先用眼睛观察电动机的转速，大致判断其速度。

（2）应把转速表的调速盘转到所要测的转速范围内。在没有把握判断电动机转速时，可把调速盘调到高位观察，大致确定转速后，再调到合适的低挡，使测试结果准确。如果需要换挡，必须等转速表停转后再换，以免损坏表的内部结构。

（3）测量转速时，应将转速表的测量轴与被测轴轻轻接触，并逐渐增加接触力。

（4）测试时，手持转速表要保持平衡，且转速表测试轴与电动机转轴保持同心，直到测试指针稳定时再记录数据。

7.1.10　绕线机

绕线机主要用来绕制电动机的绕组、低压电器的线圈和小型变压器的线圈，常用的有手摇绕线机、手摇/电动两用绕线机和数控绕线机三种。常用的几种绕线机如图 7.1.28 所示。

(a) 手摇绕线机　　　　　　　　(b) 电子计数绕线机（手摇/电动两用）

(c) 数控绕线机

图 7.1.28　绕线机

1. 手摇绕线机

使用手摇绕线机的注意事项：
（1）使用时要把绕线机固定在操作台上。
（2）绕制线圈时要记录开始时指针所指示的匝数，并在绕制后减去该匝数。

2. 电子计数绕线机

电子计数绕线机具有可逆计数和脚踏三挡调速等特点，适用于变压器及各种线圈的绕制，是手摇绕线机的升级换代产品。

电子计数绕线机的使用方法：
（1）使用前，应先检查接插件是否完好，然后插上电源，打开电源开关，这时数码显示器点亮，并显示出断电前的残留数。
（2）按清零键，使数码显示器全部为零，踩下脚踏板就能工作，到设定圈数后，松开脚踏板即停机。按下清零键，计数值即复零，再踩下脚踏板，即可进入下一轮工作。

3. 数控绕线机

数控绕线机的使用及注意事项：

（1）应把数控绕线机放在较固定的木板工作台上，绕线机底板上有 4 个固定孔，用于将绕线机安装在工作台上。因为数控绕线机转速高，不能有过大振动，否则，长期使用可能会造成绕线机内部元件的焊接点松动、线路不通或电子元件损坏、出现不显示等故障。

（2）应把绕线轴安装在绕线机主轴上，并拧紧固定螺栓，检查绕线轴是否有弯曲，如果有弯曲，要进行调整或更换。

（3）在运行前，应先预置绕线匝数，再按复零按钮（见到 5 位数显示 00000 时，方可按启动按钮运行），绕到预置匝数后会停机刹车，以后每一个线圈绕线完毕，按启动按钮计数器就会自动复零，如需中途停车可按暂停按钮。

（4）复位按钮的作用是未绕至预置匝数时，需清零则按此按钮。

（5）脚踏开关的功能与启动/暂停按钮相同。

7.2　常用电工仪表及使用

凡是将被测电量或磁量与作为测量单位的同类电量或磁量进行比较，来确定电量或磁量的过程，称为电工测量。而测量电量或磁量所用的仪器仪表统称为电工仪表。

7.2.1　电工仪表的基本知识

1. 电工仪表的分类

电工仪表是测量各种电磁量的仪表仪器的统称，品种规格繁多，分类方法也各异。按仪表的结构和用途大致可分为以下几类。

1）指示仪表

指示仪表又称直读仪表，各种交直流电流表、电压表、功率表、万用表多是电气测量指示仪表。这种仪表的特点是先将被测电磁量转换为可动部分的角位移，然后通过可动部分的指针在标度尺上的位置直接读出被测量的值。指示仪表又可以分为以下几种类型。

（1）按工作原理分类。

按工作原理，指示仪表可分为磁电系、电磁系、电动系、感应系、静电系、整流系等类型。

（2）按被测电工量分类。

按被测电工量，指示仪表有电流表、电压表、功率表、电能表、相位表、频率表、绝缘电阻表等。

（3）按工作电流性质分类。

按工作电流性质，指示仪表有直流仪表、交流仪表和交直流两用仪表等。

（4）按使用方式分类。

按使用方式，指示仪表可分为安装式仪表、便携式仪表。

（5）按准确度等级分类。

按准确度等级，指示仪表可分为 0.1、0.2、0.5、1.0、1.5、2.5、5.0 七级。

（6）按仪表防御外界磁场或电场影响的性能分类。

按仪表防御外界磁场或电场影响的性能，指示仪表可分为Ⅰ、Ⅱ、Ⅲ、Ⅳ四个等级。

（7）按外壳防护性能分类。

按外壳防护性能，指示仪表可分为普通式、防尘式、防溅式、防水式、水密式、气密式、隔爆式七种。

（8）按读数装置分类。

按读数装置，指示仪表可分为指针式、光指示式、振簧式等。

（9）按使用环境条件分类。

按使用环境条件，指示仪表有 A、B、C 三种类型的仪表。

此外，还可按其他方式进行分类。

2）比较式仪表

比较式仪表用于比较法测量中，它包括各类交直流电桥、电位差计等。

3）数字式仪表和巡回检测装置

数字式仪表是以逻辑控制来实现自动测量，并以数码形式直接显示测量结果的仪表，如数字式万用表、数字钳形表、数字兆欧表等。

数字式仪表加上遥测控制系统构成巡回检测装置，可以实现对多种被测量的远距离测量，近年来这类仪表得到了迅速的发展和应用。

4）记录仪表和示波器

记录仪表和示波器是一种能测量与记录被测量随时间变化的仪表。例如，X.Y 记录仪就是一种记录仪器。而示波器能够把波形变化的全貌显示出来，不但可以从中进行定性观察分析，而且可以对显示的波形进行定量测量。

5）扩大量程装置和变换器

用以实现同一电量的变换，并能扩大仪表量程的装置，称为扩大量程装置，包括分流器、附加电阻、电流互感器和电压互感器等。

用来实现不同电量之间的变换，或将非电量转换成电量的装置，称为变换器。在各种非电量的电测量和变换式仪表中，变换器都是必不可少的。

尽管电工仪表种类繁多，但应用最广、数量最大的是指示仪表，船舶常用的电工仪表就是指示仪表。

2. 指示仪表的组成

指示仪表的结构如图 7.2.1 所示，从图中可以看出，整个指示仪表可以分为测量线路和测量机构两个部分。

图 7.2.1　指示仪表的结构

测量线路的作用是把被测量 x 转换为测量机构可以接受的过渡量 y（如转换为电流）；然后，通过测量机构把过渡量 y 转换为指针的角位移 α。因为测量线路中的 x 和 y，测量机构中的 y 和 α，能够严格保持一定的函数关系，所以可以根据角位移 α 的值，直接读出被测量 x 的值。

测量机构是电气测量指示仪表的核心,没有测量机构就不能称为指示仪表。而测量线路则根据被测对象的不同而有不同的配置,如果被测对象可以直接为测量机构所接受,也可以不配置测量线路。例如,变换式仪表就用磁电系仪表作为测量机构,无论是功率表、频率表,还是相位表,都用相同的测量机构作为表芯,然后配上不同的变换器(即测量线路),以达到测量不同被测量的目的。

3. 电工仪表的图形符号

电工仪表的表面有各种标记符号,以表明它的基本技术特性。根据国家规定,每一个仪表应有测量对象的电流种类、单位、工作原理的系别、准确度、工作位置、外界工作条件、绝缘强度、仪表型号及额定值等标志。常见的表面标记符号的意义如表 7.2.1～表 7.2.4 所示。

表 7.2.1　仪表工作原理的图形符号

名称	符号	名称	符号
磁电系仪表		感应系仪表	
磁电系比率表		感应系比率表	
电磁系仪表		磁感应系仪表	
电磁系比率表		静电系仪表	
电动系仪表		振簧系仪表	
电动系比率表		热线系仪表	
铁磁电动系仪表		双金属系仪表	
铁磁电动系比率表		热电系仪表	
动磁系仪表		整流系仪表	
动磁系比率表			

表 7.2.2　电流种类及不同额定值标注的符号

符号	意义
——	表示直流仪表
∼	表示单相交流仪表
≂	表示交直流两用仪表
≈	具有单元件的三相平衡负载,交流
≋	具有两元件的三相不平衡负载,交流
≋	具有三元件的三相四线不平衡负载,交流

续表

符号	意义
$\underline{500\,\text{Hz}}$	额定值（以频率为例）
$\underline{45\sim65\,\text{Hz}}$	额定范围（以频率为例）
$\underline{15\sim25\text{℃}}$	额定范围（以温度为例）
$\dfrac{20-50-120}{\text{Hz}}$	额定值（50 Hz）和扩大范围（20～120 Hz）
$\dfrac{45-65}{\sim500\,\text{Hz}}$	额定范围（45～65 Hz）和扩大范围（500 Hz）
$U_{\max}=1.5U_{\text{N}}$	最大容许电压为额定值的 1.5 倍
$I_{\max}=2I_{\text{N}}$	最大容许电流为额定值的 2 倍
$U_{\max}=380\,\text{V}$	最大容许电压为 380 V
$I_{\max}=10\,\text{A}$	最大容许电流为 10 A
R_{d}	表示该仪表配用专用定值导线，用于直流电流表和分流器之间定值连接导线。例如，$R_{\text{d}}=0.14\,\Omega$ 表示电流表和分流器之间配用专用导线的电阻为 0.14 Ω
$r_{\text{c}}=100\sim500\,\Omega$	外部临界电阻为 100～500 Ω
$\dfrac{I_1}{I_2}=\dfrac{500}{5}$	变流比，表示配用电流互感器的比值为 500 A∶5 A
$\dfrac{U_1}{U_2}=\dfrac{3000}{100}$	变压比，表示配用电压互感器的比值为 3000 V∶100 V

表 7.2.3　准确度、工作位置、绝缘强度及端钮的符号含义

名称	符号	意义
准确度	1.5	以标度尺上量限百分数表示的准确度等级，如 1.5 级
	$\overset{1.5}{\diagdown}$	以标度尺长度百分数表示的准确度等级，如 1.5 级
	(1.5)	以指示值的百分数表示的准确度等级，如 1.5 级
工作位置	⊥	表示标度尺位置为垂直的
	⊓	表示标度尺位置为水平的
	∕60°	表示标度尺位置与水平面倾斜成一角度，如 60°
	S→N	表示该仪表沿地磁场方向放置的工作位置
绝缘强度	☆0	表示不进行绝缘强度实验
	☆	表示绝缘强度实验电压为 500 V
	☆2	表示绝缘强度实验电压为 2000 V
	☆5	表示绝缘强度实验电压为 5000 V

续表

名称	符号	意义
端钮	＋	表示正端钮
	－	表示负端钮
	✳	表示公共端钮
	～	表示交流端钮
	⏚	表示接地用的端钮（螺钉或螺杆）
	⏛	表示与外壳相连接的端钮
	◯	表示与屏蔽相连接的端钮
	⤳	表示与仪表可动线圈连接的端钮

表 7.2.4 仪表按外界工作条件分组的符号

名称	符号	条件
防外磁场	⌓	表示Ⅰ级防外磁场
	Ⅱ	表示Ⅱ级防外磁场
	Ⅲ	表示Ⅲ级防外磁场
	Ⅳ	表示Ⅳ级防外磁场
工作条件	△A	温度 0～40 ℃，相对湿度 85%以下
	△B	温度 20～50 ℃，相对湿度 85%以下
	△C	温度 40～60 ℃，相对湿度 85%以下

4. 电工仪表型号

电工仪表的产品型号按有关规定的标准编制。开关板式与携带式仪表的型号编制是不同的。

1）开关板式仪表的型号组成

形状第一位代号：按仪表的面板形状最大尺寸编制。

形状第二位代号：按仪表的外壳形状尺寸编制。

系列代号：按仪表的工作原理编制，如 C 表示磁电系，T 表示电磁系，D 表示电动系，G 表示感应系，L 表示整流系。

例如，44C7.KA 型电流表，其中 44 为形状代号，可由产品目录查得其尺寸和安装开孔尺寸；C 表示磁电系仪表；7 为系列代号；KA 表示用于电流测量。

2）携带式仪表的型号组成

例如，T21.V 型电压表，其中 T 表示电磁系仪表；21 为设计序号；V 表示用于测量电压。

5. 电工仪表的误差和准确度

无论仪表的制造工艺多么完美，仪表的误差总是无法完全消除的。仪表的误差是指仪表的指示值与被测量真值之间的差异。而仪表的准确度是指仪表指示值与被测量真值之间的接近程度。可见仪表准确度越高，它的误差就越小。

1）电工仪表误差来源的两个方面

（1）基本误差。

仪表在规定条件，即在规定的温度、相对湿度、放置方式下，在没有外界电场和磁场等干扰时，由于制造工艺的限制，仪表本身所固有的误差称为基本误差。例如，摩擦误差、标度尺刻度不准、轴承与轴间间隙造成的倾斜误差等都属于基本误差。

（2）附加误差。

仪表在规定的工作条件之外使用，如温度过高、波形非正弦、受外电场或外磁场的影响所引起的误差都属于附加误差。因此，仪表离开规定的工作条件形成的总误差中，除了基本误差，还包含附加误差。

2）误差的表示方法

（1）绝对误差 Δ。

测量值 A_x 与被测量真值 A_0 之差，称为绝对误差 Δ，即

$$\Delta = A_x - A_0 \tag{7.2.1}$$

绝对误差的单位与被测量的单位相同。绝对误差的符号有正负之分，用绝对误差表示仪表误差的大小比较直观。

（2）相对误差 γ。

用绝对误差有时很难判断测量结果的准确程度。例如，用一个电压表测量 200 V 的电压，绝对误差为 +1 V，而用另一个电压表测量 20 V 电压，绝对误差为 +0.5 V。前者的绝对误差大于后者，但误差值对测量结果的影响，后者却大于前者，因此衡量对测量结果的影响，通常要用相对误差。

相对误差等于绝对误差 Δ 与被测量真值 A_0 之比，并用百分数表示为

$$\gamma = \frac{\Delta}{A_0} \times 100\% \tag{7.2.2}$$

由于测量值与真值相差不大，式（7.2.2）中的 A_0 可以用 A_x 代替，即相对误差表示为

$$\gamma = \frac{\Delta}{A_x} \times 100\% \tag{7.2.3}$$

如果用相对误差表示上面两个电压表测量的结果，结果如下。

第一个电压表为

$$\gamma_1 = \frac{\Delta_1}{A_{x1}} \times 100\% = \frac{1}{200} \times 100\% = 0.5\% \tag{7.2.4}$$

第二个电压表为

$$\gamma_2 = \frac{\Delta_2}{A_{x2}} \times 100\% = \frac{0.5}{20} \times 100\% = 2.5\% \tag{7.2.5}$$

可见用第一个电压表测量的结果，绝对误差 Δ_1 比 Δ_2 大，但其相对误差 γ_1 却比 γ_2 小。因此，相对误差反映了测量结果的准确程度。

（3）引用误差 γ_m。

引用误差指的是用仪表表示值计算的相对误差，它以某一刻度点读数的绝对误差 Δ 为分子，以仪表的上量限为分母，用 γ_m 表示为

$$\gamma_m = \frac{\Delta}{A_m} \times 100\% \tag{7.2.6}$$

这是一种简化的和比较实用的表示方法。说它简化，是因为无论读数为多少，分母都取仪表的上量限。这样在读数接近上量限时，它可以反映测量结果的相对误差，但在读数较小时，可能与实际测量结果的相对误差有较大的差别。说它实用，是因为引用误差可以用来确定仪表的准确度级别。

仪表的准确度取决于仪表本身的性能。通常仪表的绝对误差在仪表标度尺的全长上基本保持恒定，而相对误差却随着被测量的减小逐渐增大，所以相对误差的数值并不能说明仪表的优劣，只能说明测量结果的准确程度。引用误差表达方式中的分子、分母是由仪表本身的性能所决定的，因此这是一种判断仪表性能优劣比较简便的方法。

3）仪表的准确度

仪表各指示值的绝对误差有一些小差别，因此规定用最大引用误差表示仪表的准确度，即

$$K = \frac{|\Delta_m|}{A_m} \times 100\% \tag{7.2.7}$$

式中，K 为仪表准确度；Δ_m 为仪表的最大绝对误差；A_m 为仪表的量限。

K 的值表示仪表在规定使用条件下，允许的最大引用误差的百分数。仪表的准确度越高，最大引用误差越小，也就是基本误差越小。

仪表准确度分为七级，它们的基本误差在标度尺工作部分的所有分度线上不应该超过表 7.2.5 的规定。

表 7.2.5 仪表的基本误差

仪表的准确度等级	0.1	0.2	0.5	1.0	1.5	2.5	5.0
基本误差/%	±0.1	±0.2	±0.5	±1.0	±1.5	±2.5	±5.0

7.2.2 电流表和电压表

电流和电压的测量是电工电子技术中最基本的，相对于其他仪表，电流表和电压表的使用相对简单，但它却是学习其他各类仪表的基础，本节主要介绍电表的刻度盘、量程、读数和正确的接法。

1. 电流表

电流表是用来测量电路中电流强弱或方向的仪表，按所测量电流性质可分为直流电流表、交流电流表；按所测量范围可分为微安表（μA）、毫安表（mA）、安培表（A）和千安表（kA）；按其量程数可分为单量程电流表和多量程电流表；按固定安装式或便携式仪表分类还可分为板式电流表和便携式电流表。

1）直流电流表

测量直流电路中电流的仪表称为直流电流表。直流电流表的标度盘上标有"—"或"══"的符号。板式直流安培表如图 7.2.2 所示，便携式的多量程式直流安培表如图 7.2.3 所示。

图 7.2.2　板式直流安培表

1-板式直流安培表；2-机械调零旋钮，未测量时指针应对准刻度"0"，若未对准则应用小改锥调整；3-刻度盘，满刻度为 10 A，每大格为 2 A，每小格为 0.2 A

图 7.2.3　便携式多量程式直流安培表

1-多量程式直流安培表；2-接线柱，端子标有"＋""－"极；3-多量程挡，可以选择不同的量程挡

对于多量程的电流表，使用时应先使用大量程，逐步由大到小，直到合适的量程（使读数超过刻度的 2/3 或 1/2），且在改变量程时应停电，以防测量机构受到冲击。

使用直流电流表的注意事项：

（1）电流表必须和被测电路串联。

（2）直流电流表的正极应与电源的正极接线端子相连接，否则指针反转，极易损坏仪表。

（3）电流表的使用量程应为被测电流的 1.5～2 倍。

（4）为了不影响电路的工作状态，电流表的内阻应尽量小，这样被测的电流才能更接近实际值。

一般安培表的内阻在 0.1 Ω 以下，毫安表的内阻一般为几欧至 200 Ω，微安表的内阻一般为几百欧至 2 000 Ω。

2）交流电流表

测量交流电路中电流的仪表称为交流电流表，其表面上标有"∼"的符号。低压交流电流表的接线方式，有直接接入和经电流互感器二次侧绕组接入两种。便携式交流毫安表如图 7.2.4 所示。

图 7.2.4　便携式交流毫安表

1-便携式交流毫安表；2-镜子，用于反射指针的像，视线垂直于刻度盘，看到指针与镜中的像重合时读数，就可以减小由视差引起的误差；3-接线柱，端子单标"−"极；25 指满刻度为 25 mA，50 指满刻度为 50 mA

使用交流电流表的注意事项：

（1）交流电流表在小电流场合可以直接使用（一般指在 5 A 以下）。

（2）在大电流场合，一般安装式安培表都采用电流互感器与电流表配合使用来扩大量程。

（3）交流电流表使用时不考虑电流表的极性。

2. 电压表

电压表是用来测量电路中电压大小或方向的仪表，按所测量电压性质可分为直流电压表、交流电压表；按所测量范围的单位可分为毫伏表（mV）、伏特表（V）和千伏表（kV）。

1）直流电压表

测量直流电路中电压的仪表称为直流电压表。直流电压表的标度盘上标有"—"或"===="的符号。

为了扩大电压表的使用量程，一般便携式直流电压表都做成多量程的，如图 7.2.5 所示。

2）交流电压表

测量交流电路中电压的仪表称为交流电压表，其表面上标有"∼"的符号。

交流电压表按照供电系统电压等级和接线方式来分，可分为低压直接接入式和高压经电压互感器二次侧接入式两种。电力系统中，低电压主要是指三相四线制中的线电压（380 V）和相电压（220 V），通常用于测量线电压的电压表量程为 0～450 V，如图 7.2.6 所示，测量相电压的电压表量程为 0～250 V。测量高压的交流电压表，其盘面上表示的变压比应与所配用的电压互感器变比相同。

3）使用电压表的注意事项

（1）直流电压表测量时必须将其"＋"极性端钮接被测电路的高电位端，"－"极性端钮接被测电路的低电位端。不可接错，以免指针反转，损坏仪表。

（2）看清楚接线端钮量程（测量的上限值与下限值的差值）标记，根据被测电压的大小选择合适的量程。

图 7.2.5　便携式直流电压表

1-便携式直流电压表；2-接线柱，端子标有"＋""－"极；3-多量程挡，可以根据需要选择合适的量程挡，当量程值不明确时，可从大量程开始，但换挡时要断开电源

图 7.2.6　板式交流电压表

1-板式交流电压表；2-最大量程为 450 V

（3）若不能判断量程，可先用大量程试测一下，再选更合适的量程。

（4）电压表与电路中的负载必须并联。

（5）电压表的内阻越大，测量误差越小。电压表的等效内阻 = 量程×每伏欧姆数。

（6）使用交流电压表时不考虑电压表的极性。

（7）当要用低量程的电压表测量高电压时，由于通过线圈的电流过大，会损坏电压表。通常是利用交流电路的特性，采用电压互感器与电压表配合使用来扩大量程。

7.2.3　万用表

万用表又称多用表，它是一种多量程、多功能、便于携带的电工仪表。一般的万用表可以用来测量直流电流、电压，交流电流、电压，电阻和音频电平等量，有的万用表还可以用来测量电容、电感及晶体二极管、三极管的某些参数等。按测量原理的不同，万用表分为两大类，即传统的指针式万用表和新颖的数字式万用表。无论是指针式万用表还是数字式万用表，都由指示装置、测量线路、转换开关及外壳等组成。指示装置用来指示被测量的数值；

测量线路用来把各种被测量转换为用以驱动指示装置的直流微小电流；转换开关用来实现对不同测量线路的选择，以适合各种测量的要求。

下面以常用的 MF.47 型指针式万用表、UT.56 型数字式万用表为例，简要说明它们的结构和使用方法。

1. MF.47 型指针式万用表

指针式万用表是电工电子测量中应用最广泛的一种测量仪表。下面以常用的 MF.47 型指针式万用表为例，简要说明一下它的结构和使用方法。

MF.47 型指针式万用表的基本功能如下：

（1）测量电压、电流。

（2）测量电阻，象征性地测量电容、电感。

（3）测量红外线。

（4）导通器。

（5）测量晶体管放大能力。

（6）估测放大器放大能力。

1）MF.47 型指针式万用表结构及面板说明

MF.47 型指针式万用表面板如图 7.2.7 所示，面板结构说明如表 7.2.6 所示。

图 7.2.7　MF.47 型指针式万用表面板

表 7.2.6　MF.47 型指针式万用表面板结构说明

图中标号	名称	图中标号	名称
1	表盘	6	表笔插孔
2	机械调零旋钮	7	高压测试插孔
3	欧姆调零旋钮	8	大电流测试插孔
4	挡位/量程选择开关	9	1.5 V 电池
5	晶体管测试孔	10	9 V 电池

MF.47 型指针式万用表的表盘如图 7.2.8 所示，表盘标度尺说明如表 7.2.7 所示。

图 7.2.8   MF.47 型指针式万用表的表盘

表 7.2.7   MF.47 型指针式万用表表盘标度尺说明

对应标度尺号（从上至下）	名称	说明
1	电阻标度尺	用"Ω"表示
2	直流电压、交流电压及直流电流共用标度尺	分别在标度尺左右两侧用"$\underset{\sim}{\mathrm{V}}$"和"$\underset{---}{\mathrm{mA}}$"表示
3	10 V 交流电压标度尺	用"AC10 V"表示
4	晶体管共发射极直流电流放大系数标度尺	用"hFE"表示
5	电容容量标度尺	用"C（μF）50 Hz"表示
6	电感量标度尺	用"L（H）50 Hz"表示
7	音频电平标度尺	用"dB"表示

2）MF.47 型指针式万用表的使用

MF.47 型指针式万用表可以通过拨动表盘下方的挡位/量程选择开关，选择不同的挡位进行不同电参数的选择。

第一，欧姆挡的使用。具体内容如表 7.2.8 所示。

表 7.2.8   欧姆挡的使用

项目	图示	说明
测量示范	 R_x	 由测量等效电路图可知 $$I = \frac{E}{R_{\mathrm{g}} + \mathrm{RP} + R_{\mathrm{x}}}$$ 在 E、RP、R_{g} 为常量时，回路电流随 R_{x} 的大小而发生改变，即指针偏转的角度随 R_{x} 的大小而改变，万用表即利用这一原理来测量电阻的阻值

续表

项目	图示	说明
机械调零		万用表在使用前应检查指针是否指在机械零位上，即指针在静止时是否指在电阻标度尺的"∞"刻度处，若不在，应用小螺丝刀左右调节机械调零旋钮，使指针的位置准确指在"∞"刻度处。 注意：在测量其他电参数时也需先进行机械调零操作
欧姆调零		当测量等效电路图中的 1、2 端被表笔短路时，$R_x = 0$，此时表头电流 I 达到最大，指针应达到满刻度偏转，若指针不能偏转到满刻度位置，则可通过调节欧姆调零旋钮调节表头的电流，使 $R_x = 0$ 时指针指示零点。 注意：每换一次挡位都需要重新进行欧姆调零，以减少测量误差；若调不到零点，多数原因是电池使用过久，此时应更换电池
量程选择开关		欧姆挡共分 5 挡，分别是"×1"挡、"×10"挡、"×100"挡、"×1K"挡、"×10K"挡，左图中选择的是"×1"挡
不同量程范围的读数方法		选择不同的量程范围，其读数的方法也不同，下面以左图中指示的"10.8"数值为例进行说明。 挡位对应电阻值 "×1"挡　10.8 Ω "×10"挡　10.8×10 Ω "×100"挡　10.8×100 Ω "×1K"挡　10.8×1 kΩ "×10K"挡　10.8×10 kΩ

续表

项目	图示	说明
多挡欧姆表电路及等效电路		在工作实践中常用万用表的欧姆挡去测量一些电子元器件，为避免损坏电子元器件，操作者应当了解万用表欧姆挡的等效电路。 由图所示电路可知，"×1""×10""×100""×1K"挡内部电池为 1.5 V，且"×1"挡 R'（万用表内阻）为最小；"×10K"挡内部电池为 9～15 V，内阻为 R''。实际测量时，对一般小功率管使用"×100""×1K"挡测量，而不宜使用"×1"和"×10K"挡测量，因为选择"×1"挡时万用表内阻最小，通过二极管的正向电流较大，可能烧毁管子；而选择"×10K"挡时万用表电池的电压较高，加在二极管两端的反向电压也较高，易击穿管子，而对大功率管，可选"×1"挡测量。由上可知，了解万用表欧姆挡的等效电路有利于操作者正确地使用万用表

使用万用表欧姆挡时注意事项：

（1）测量电阻时，被测电路不允许带电。否则，不仅测量结果不准确，而且很有可能烧坏表头。

（2）被测电阻不能有并联支路，否则其测量结果是被测电阻与并联支路并联后的等效电阻，而不是被测电阻的阻值。

（3）在测量电阻时，绝不能用手去接触表笔的金属部分，避免因人体电阻并联于被测电阻两端而造成不必要的误差。

（4）用欧姆挡测量晶体管参数时，考虑到晶体管所能承受的电压比较小和容许通过的电流较小，一般应选择"×10"或"×1K"的倍率挡。这是因为低倍率挡的内阻较小，电流较大；而高倍率挡的电池电压较高。因此，一般不适宜用低倍率挡或高倍率挡去测量晶体管的参数。另外，要引起注意的是，红表笔与表内电池的负极相连，而黑表笔与电池的正极相连。这一点与数字式万用表是不同的。

（5）万用表欧姆挡不能直接测量微安表表头、检流计、标准电池等仪器仪表。在使用的间歇中，不能让两表笔短接，以免浪费电池。

第二，电压挡的使用。电压挡的使用方法如表 7.2.9 所示。

表 7.2.9 电压挡的使用方法

项目	图示及说明	
	直流电压挡	交流电压挡
测量示范	9 V叠层电池	~220 V
多挡电压表电路模型	 从图中可以看出，1 V挡电压表的内阻为R_g，10 V挡的内阻是$R_1 + R_g$，50 V挡的内阻是$R_1 + R_2 + R_g$，依此类推，由此可知，随着电压挡位的提高，电压表的内阻逐渐增大	
测量原理	一个量程为1 V的表头，被测电压值不能超过1 V，否则指针偏转幅度会超出指示范围。而上图所示的多挡电压表实质上就是表内串联一系列适当的电阻（倍增电阻）进行降压，从而达到扩展电压量程的目的。改变倍增电阻的阻值，就能改变电压的测量范围	交流电压表与直流电压表的测量原理基本相同，只是交流电压表增加了整流电路
测量须知	①测量直流电压时，红表笔应接至高电位，黑表笔接至低电位。②测量交流电压时，表笔无所谓正负。③当选择交流10 V挡测量时，读数时查看第三条标度尺。④在测量高压（1000~2500 V）时，将红、黑表笔插在正确的插孔内测交流高压时，量程选择开关置于交流1000 V挡；测直流高压时，量程选择开关置于直流1000 V挡。读数时查看表盘第二条标度尺，满偏刻度为2500 V 	

使用万用表电压挡时的注意事项：

（1）若无法估计被测电压的大小，则应先选择最高挡位进行测量，再根据指针偏转情况，选择合适的挡位进行测量。

（2）在测量 100 V 以上的高压时，要养成单手操作的习惯，即先将黑表笔置于电路零电位处，再单手持红表笔去碰触被测端，以保护人身安全。

（3）不允许带电转动转换开关，尤其是当测量高电压和大电流时，否则会在转换开关的刀和触点分离与接触的瞬间产生电弧，使刀和触点氧化甚至烧坏。

（4）测量叠加有交流电压的直流电压时，要充分考虑转换开关的最高耐压值，否则会因为电压幅度过大而使转换开关中的绝缘材料被击穿。

（5）万用表在用完之后，转换开关应放在交流电压的最大挡位或"OFF"挡。

第三，电流挡的使用。电流挡的使用方法如表 7.2.10 所示。

表 7.2.10   电流挡的使用

项目	图示及说明
测量示范	①为万用表串联在放大器基极回路中测 I_b，②为万用表串联在集电极回路中测 I_c
多挡电流表电路模型	
测量原理	如图所示，多挡电流表利用在表头上并联的一系列适当的分流电阻来达到扩展电流量程的目的。选择不同分流电阻的阻值，就能改变电流的测量范围，其中 0.05 挡是空格，此时万用表就是一只满偏刻度为 0.05 mA（50 μA）的电流表
测量须知	①因为表头满偏刻度的电压值仅为 1 V，若测量电压值超过 1 V，则必然会造成万用表的损坏，所以禁止用电流挡测量负载电压或电源电压。②为避免指针逆时针方向偏转损坏表头，测量直流电流时，不可将表笔的正负极性接错。③测量大电流（500 mA～5 A）时，红表笔应插入 5 A 专用插孔，黑表插入"–"位置；应将量程选择开关置于 500 mA 挡；读数时查看表盘第二条标度尺，满偏刻度为 5 A

使用万用表电流挡的注意事项：

（1）在测量前若不能估计被测电流的大小，应先用最高电流挡进行测量，然后根据指针指示情况选择合适的挡位来测试，以免指针偏转过度而损坏表头。

（2）变换挡位操作应断电进行，不得带电操作。

第四，万用表的其他功能。MF.47 型指针式万用表的其他功能及使用方法如表 7.2.11 所示。

表 7.2.11　MF.47 型指针式万用表的其他功能及使用方法

项目	图示	说明
红外线测量	发光管　量程开关置于几挡	万用表内设红外接收电路，当接收到遥控器发射的脉冲信号后，表盘中发光管的红灯闪烁，这种功能称为红外线数据测量，一般用来简单判断遥控器（空调遥控器、电视机遥控器等）工作是否正常
通路蜂鸣器提示测量	量程开关置于"🔊"发音挡	两表笔相碰，当电路处于通路状态时，表中附带的蜂鸣器发出蜂鸣声，维修者常利用此功能来快速检查导线、开关、触点和保险丝的通断
晶体管放大参数（hFE）测量	读数　插入晶体管　量程开关置于"×10"(hFE)挡	按插孔提示的要求插入晶体管，可从表盘第 4 条标度尺直接读数
音频电平（dB）测量	用万用表测音频电平示意图	

用万用表测音频电平示意图
图中：u_i 为音频电平输入信号；u_o 为经过音频放大器之后的输出信号。使用 MF.47 型指针式万用表可以对放大器的增益进行基本的估测，虽然不准确，但也方便。测量连线如图所示。测量步骤：①将万用表量程选择开关旋至交流电压 10 V 挡。②按图中的连线测量放大器输出幅度，从表盘第七条标度尺直接读数。若放大器的输入幅度为 5 dB，测得输出幅度为 20 dB，则可直接算出放大器的增益为 20–5 = 15（dB）。若指针超过满偏刻度 + 22 dB，说明测量值超过标度尺范围，此时与测量交流电压的操作一样，应调大量程测量范围，再根据修正值表求出实际值。测音频电平时的各挡位修正值如下表所示

量程挡位	修正值
～10 V	0
～50 V	+ 14 dB
～250 V	+ 28 dB
～500 V（很少用）	+ 34 dB
～1000 V（很少用）	+ 40 dB

例如，当挡位选择开关置于交流 50 V 挡时，指针指在第七条标度线的 + 10 dB 位置上，则实际音频电平值应该为 + 10 dB（读数值）加上 + 14 dB（修正值），即 + 24 dB

续表

项目	图示	说明
电容容量、电感量测量	 (a) 用万用表测电容容量示意图 (b) 用万用表测电感量示意图	利用万用表交流电压 10 V 挡可以估测小容量电容器的容量，如图（a）所示的连线可以测量电器的电容容量，但这需要另外增加一个电源变压器，实用性不强。 用万用表测电感量的示意图如图（b）所示，与测电容量的原理和方法类似

2. UT.56 型数字式万用表

数字式万用表是目前国内外最常用的一种数字仪表，其主要优点是准确度高、分辨力强、测试功能完善、测量速率快、显示直观、过载能力强、耗电少、便于携带，已成为现代电子测量与维修工作的必备仪表，并正在逐步取代传统的模拟式（即指针式）万用表。

数字式万用表的显示位数有 $3\frac{1}{2}$、$3\frac{2}{3}$ 和 $4\frac{1}{2}$ 等几种，它表示数字式万用表的最大显示量程和精度，示例说明如图 7.2.9 所示。

图 7.2.9　数字式万用表显示位数 $3\frac{1}{2}$ 代表的含义

示例：

$$3\frac{2}{3}$$

半位分数分子为"2"，表示最高位只能显示数字 0、1、2。

半位分数分母为"3"，表示最大极限值为 3000。

数字式万用表的分辨率是表示数字式万用表灵敏度大小的重要参数，它与显示位数密切相关。对于电压表，分辨率是指数字电压表能够显示的被测电压的最小变化值，即显示器的末位跳变一个数字所需要的最小输入电压值。可见，在最小量程上，数字电压表的分辨率最高。分辨率也指数字电压表最小量程上的分辨率。例如，最小量程为 200 mV 的 $3\frac{1}{2}$ 位数字电压表显示为 199.9 mV 时，末位变一个字所需要的最小输入电压是 0.1 mV，则这台数字电压表的分辨率为 0.1 mV。

UT.56 型数字式万用表是一种性能稳定、高可靠性手持式 $4\frac{1}{2}$ 位数字多用表，整机电路设计以大规模集成电路、双积分模数转换器为核心并配以全功能过载保护，可用来测量直流和交流电压与电流、电阻、电容、二极管、三极管、频率及电路通断。

1）结构

UT.56 型数字式万用表结构如图 7.2.10 所示，其面板结构说明如表 7.2.12 所示。

图 7.2.10 UT.56 型数字式万用表结构

表 7.2.12 UT.56 型数字式万用表面板结构说明

图中标号	名称	图中标号	名称
1	电源开关	5	功能开关
2	电容测试座	6	晶体管测试座
3	液晶显示器	7	输入插座
4	数据保持开关		

2）数字式万用表的工作原理

如图 7.2.11 所示，被测信号经输入保护电路（防止误操作引起过大的电压输入而损坏内部电路）、单片模数转换器（将被测量的模拟量转换成相应的数字量），配合相应的功能转换器和挡位/量程选择开关，将被测量值由译码电路和液晶显示器显示出来。

3）使用方法

安全及操作注意事项：

（1）后盖没有盖好前严禁使用，否则有电击危险。

（2）量程开关应置于正确测量位置。

图 7.2.11   数字式万用表工作原理示意图

（3）检查表笔绝缘层应完好，无破损和断线。

（4）红、黑表笔应插在符合测量要求的插孔内，保证接触良好。

（5）输入信号不允许超过规定的极限值，以防电击和损坏仪表。

（6）打开 POWER 电源开关，检查 9 V 电池电压是否充足，若不足，将在显示屏上出现一个有正负号的电池标志，这时需更换电池。

（7）测试表笔插孔旁边的警示标志符号"△"，表示输入电压或电流不应超过指示值，操作者必须阅读使用说明，以免损伤表内电路。"▢"表示双重绝缘，"⊥"表示接地。

图 7.2.12   直流电压测量示意图

（8）被测电压高于直流 60 V 或交流有效值 30 V 的场合，均应小心谨慎，防止触电。

（9）严禁量程开关在电压测量或电流测量过程中改变挡位，以防损坏仪表。

（10）为防止电击，测量公共端"COM"和大地"⊥"之间电位差不得超过 1000 V。

第一，直流电压测量，如图 7.2.12 所示。

（1）将黑表笔插入"COM"插孔，红表笔插入"V"插孔。

（2）将功能开关置于直流电压测量挡位，并将测试表笔连接到待测电源或负载上，红表笔所接端的极性将同时显示于显示屏上。

注意事项：

（1）如果不知被测电压范围，应将功能开关置于最大量程并逐渐下降。

（2）如果显示屏只显示"1"，表示过量程，功能开关应置于更高量程。

（3）警示标志符号"△"表示输入电压不要超过 1000 V，显示更高的电压值是可能的，但有损坏内部线路的危险。

（4）当测量高电压时，要格外注意避免触电。

第二，交流电压测量，如图 7.2.13 所示。

（1）将黑表笔插入"COM"孔，将红表笔插入"V"孔。

图 7.2.13   交流电压测量示意图

（2）将功能开关置于交流电压测量挡位，并将测试笔连接到测试电源或负载上。

注意事项：

（1）参看直流电压测量注意事项（1）～（4）。

（2）警示标志符号"△"表示输入电压有效值不要超过 750 V，显示更高的电压值是可能的，但有损坏内部线路的危险。

第三，直流电流测量，如图 7.2.14 所示。

（1）将黑表笔插入"COM"孔，当测量最大值为 200 mA 的电流时，红表笔插入"mA"孔；当测量最大值为 20 A 的电流时，红表笔插入"A"孔。

（2）将功能开关置于直流电流测量挡位，并将测试表笔串联接入待测负载，电流值显示的同时，将显示红表笔的极性。

注意事项：

（1）如果使用前不知道被测电流的范围，将功能开关置于最大量程并逐渐下降。

图 7.2.14　直流电流测量示意图

（2）如果显示屏只显示"1"，表示过量程，功能开关应置于更高量程。

（3）警示标志符号"⚠"表示输入最大电流为 200 mA 或 20 A 取决于所使用的插孔，过量的电流将烧坏保险丝，应再更换；20 A 量程无保险丝保护，且最长测试时间不超过 15 s。

第四，交流电流测量，如图 7.2.15 所示。

（1）将黑表笔插入"COM"孔，当测量最大值为 200 mA 的电流时，红表笔插入"mA"孔；当测量最大值为 20 A 的电流时，红表笔插入"A"孔。

（2）功能开关置于交流电流测量挡位，并将测试表笔串联到待测回路中。

注意事项：

图 7.2.15　交流电流测量示意图

参看直流电流测量注意事项（1）～（3）。

第五，电阻测量，如图 7.2.16 所示。

（1）将黑表笔插入"COM"孔，红表笔插入"Ω"孔。

（2）将功能开关置于"Ω"挡，并将表笔并接到待测电阻上。

注意事项：

（1）如果被测电阻超出所选择量程的最大值，将显示过量程"1"，应选择更高的量程。对于大于 1 MΩ 或更高的电阻，要几秒钟后读数才能稳定。对于高阻值读数这是正常的。

（2）当无输入时，如开路情况，显示为"1"。

（3）当检查线路阻抗时，要保证被测线路所有电源断开，所有电容电荷放尽。

电阻器

图 7.2.16　电阻测量示意图

（4）200 MΩ 量程，表笔短路时约有 10.00 MΩ 的读数，测量时应从读数中将此残存数值减去。例如，测试 100 MΩ 电阻时，显示为 110.00，表笔短路时读数为 10.00，则此电阻的值应为 110.00−10.00 = 100.00（MΩ）。

（5）绝对不允许带电测量电阻。

电容器

图 7.2.17　电容测量示意图

第六，电容测量，如图 7.2.17 所示。

连接待测电容之前，注意每次转换量程时复零需要时间，有漂移读数存在但不会影响测量精度。

注意事项：

（1）仪器本身虽然对电容挡设置了保护，但在测量电容前仍应对电容进行充分放电，防止损坏仪表或引起测量误差。

（2）测量电容时，将电容插入电容测试座中（不要通过表笔插孔测量）。

（3）测量大电容时，稳定读数需要一定时间。

（4）单位：$1 \text{ pF} = 10^{-6} \text{ μF}$，$1 \text{ nF} = 10^{-3} \text{ μF}$。

第七，二极管测试及蜂鸣通断测试，如图 7.2.18 所示。

(a) 测量1N4007二极管　　　　　　　　(b) 测量发光二极管

图 7.2.18　二极管测试示意图

（1）将黑表笔插入"COM"孔，红表笔插入"VΩ"孔（红表笔极性"＋"）。

（2）将功能开关置于二极管和蜂鸣器挡，并将红表笔连接到待测二极管的正极，黑表笔连接到待测二极管的负极，读数为二极管正向压降的近似值。

（3）将表笔连接到待测线路的两端，如果两端之间电阻值低于 50 Ω，内置蜂鸣器发声。

注意事项：

在此量程禁止输入电压。

第八，晶体管 hFE 测试。

（1）将功能开关置于"hFE"挡位。

（2）确定晶体管是 NPN 型还是 PNP 型，将基极、发射极和集电极分别插入面板上相应的插孔。

（3）显示屏上将读出 hFE 的近似值。

第九，频率测量。

（1）将红表笔插入"Hz"孔，黑表笔插入"COM"孔。

（2）将量程开关转到"kHz"量程挡上，并将测试笔并接到频率源上，可直接从显示器上读取频率值。

注意事项：

被测值超过有效值 30 V 时不保证测量精度并应注意安全，因为此时电压已属危险带电范围。

4）保养方法

（1）不要接入高于 1000 V 直流电压或高于 750 V 交流有效值电压。

（2）不要在功能开关处于"电流挡位"、"Ω"、二极管和蜂鸣通断位置时，将电压源接入。

（3）在电池没有装好或后盖没有上紧时，请不要使用此表。

（4）只有在测试表笔从万用表移开并切断电源以后，才能更换电池或保险丝。更换保险丝时应使用同一规格型号的保险丝。

（5）测量完毕应及时关断电源，长期不用时应取出电池。

7.2.4 钳形电流表

一般而言，用电流表测量电路中的电流时，必须将被测电流电路切断，然后将电流表或电流互感器的原边线圈串接到被切断的电路中去。而钳形电流表则是一种不需要切断电路，便能测量电路中电流的仪表，它是一种特殊的电流表。

1. 钳形电流表的外形及结构

钳形电流表又称测流钳，它是电流互感器的一种变形，其内部接线如图 7.2.19（a）所示。它的铁心如同钳形，用弹簧压着，测量时将钳口压开而被引入被测导线，这时该导线就是一次侧。二次侧绕在铁心上并与安培计接通，这样就可以在不断开被测电路的情况下进行测量。

(a) 内部接线   (b) 工作原理示意图

图 7.2.19　钳形电流表的内部接线和工作原理示意图

2. 钳形电流表的工作原理

互感式数字钳形电流表的工作原理示意图如图 7.2.19（b）所示。电流互感器的铁心呈钳口形，被测导线为电流互感器的一次侧绕组（线圈），被测电流在铁心中产生工作磁通，使绕在铁心上的二次侧绕组（线圈）产生感应电动势，感应电流经桥式整流后流入磁电系表头，驱动指针偏转，显示被测电流强度。

　　另外，还有一种数字钳形电流表，其外形如图 7.2.20 所示，它具有读数直观、准确度高、使用方便等优点。图 7.2.21 为实测配电柜中的一相电流。不同型号的钳形电流表其功能存在较大的差异。如图 7.2.20 所示的钳形电流表还具有一般数字式万用表的交直流电压、电阻、二极管的测量功能。数字钳形电流表的组成框图如图 7.2.22 所示。

图 7.2.20　数字钳形电流表

图 7.2.21　测某配电柜中的一相电流

图 7.2.22　数字钳形电流表组成框图

3. 钳形电流表的使用

　　利用钳形电流表测量三相三线电路、三相四线电路以及小电流的方法如图 7.2.23 所示。

　　（1）根据待测量对象的不同选用不同型号的钳形电流表。

　　（2）测量时应先估计被测电流的大小，选择合适的量程进行测量；若无法估计被测电流大小，则应先选用较大的量程测量，再视被测电流的大小减小量程，使读数超过刻度的 1/2，以获得较准的读数，转换量程时，应在不带电的情况下进行。

　　（3）在进行测量时，为减小误差，用手捏紧扳手使钳口张开，被测载流导线的位置应放在钳形口中央，然后松开扳手，使钳口（铁心）闭合，表头上即有指示。

(a) 三相三线电路钳　　　(b) 三相四线电路钳　　　(c) 测量小电流的方法
　两条线的测量图　　　　　三条线的测量图

图 7.2.23　钳形电流表的使用

（4）为使读数准确，钳口两个面应保证很好地接合，如有噪声，可将钳口重新开合一次，若声音依然存在，则应检查在钳口接合面上是否有杂物或污垢，如有污垢，可用汽油擦干净。

（5）为消除铁心中剩磁的影响，应将钳口开合数次。

（6）测量较小的电流（小于 5 A）时，为了计数准确，在条件允许的情况下，可将被测导线在钳口多绕几圈再进行测量，最后将读数值除以钳口导线的圈数即被测电流的实际值。

（7）钳形电流表应存放在干燥的室内，钳口铁心相接处应保持清洁和接触紧密，在携带和使用时，应避免使其受到振动。

（8）不能用于高压带电测量，不得测量无绝缘的带电线路，要尽量远离强磁场，以减少磁场对电流表的影响。

（9）测量完毕后一定要把量程开关放在最大电流量程位置，以免下次使用时未经选择量程而造成仪表损坏。

（10）钳形电流表的种类繁多，在选用时应考虑被测导线的形状、粗细，测量的功能，被测量的量程范围等因素。

（11）对于交流电流表、电压两用表，测量电压时，应将表笔连线插入专用的电压插孔中，然后用两表笔按测量电压的方法进行测量。

（12）测量时，只能卡一根导线。单相电路中，如果同时卡进火线和中线，则因两根导线中的电流相等、方向相反，电流表的读数为零。三相对称电路中，同时卡进两相火线，与卡进一相火线的电流读数相同；同时卡进三相火线的读数为零。三相不对称电路中，也只能一相一相地测量，不能同时卡两相或三相火线。

（13）交直流两用钳形电流表要区别使用。

7.2.5　兆欧表

兆欧表又称绝缘电阻表或摇表，主要用于高压或低压电气线路及电气绝缘电阻的测定。这种表具有携带方便、使用简单、测量时不需其他辅助设备、不用外接电源、可以直接指示出测量结果等优点，使用非常广泛。

1. 兆欧表的功能、结构与测量原理

1）兆欧表的功能

兆欧表的主要功能是测量绝缘电阻，如测量电冰箱电源线与外壳（地）之间的绝缘电阻。正常绝缘电阻具有很高的电阻值，使用普通的万用表不容易测出来。如果电源线与地线之间的绝缘电阻较小，就容易发生漏电的情况，对机器和人身都可能造成危险。因此，用兆欧表测量绝缘电阻可以检查设备的安全性能。

绝缘材料应该是不导电的，但加上高压以后会有微小的电流产生，这个微小的电流称为漏电流（I）。绝缘电阻 R 可以由外加电压 U 除以漏电流 I 求得，这个电阻值一般以 $M\Omega$ 为单位。

图 7.2.24　手摇发电机式兆欧表

2）兆欧表的外形结构

兆欧表的种类形式较多，但其结构大致相同，都是由磁电系流比计和高压直流电源组成的。根据产生高压直流电源的装置不同，兆欧表分为手摇发电机式兆欧表和晶体管高压直流源式兆欧表。图 7.2.24 是一种手摇发电机式兆欧表。

手摇发电机式兆欧表的主要组成部分是一个磁电系流比计和一只手摇发电机。手摇发电机是兆欧表的电源，可以采用直流发电机，也可以采用交流发电机与整流装置配用。直流发电机的容量很小，但电压很高（100～5000 V）。磁电系流比计是兆欧表的测量机构，由固定的永久磁铁和可在磁场中转动的两个线圈组成。

3）兆欧表的测量原理

手摇发电机式兆欧表线路如图 7.2.25 所示。

图 7.2.25　手摇发电机式兆欧表线路图

从图 7.2.25 中可看出，发电机和 C_1、C_2、VD1、VD2 组成倍压整流电路，当未接 R_x（被测电阻）而摇动手摇发电机时，仅 R_v 支路有电流，$I_2 = \dfrac{E}{R_v}$。此时线圈 2 产生转矩 M_2，线圈 2

停在中性面，使表针指示在"∞"位置。当接上 R_x 时，R_i 支路也有了电流，$I_1 = \dfrac{E}{R_x + R_i}$。

当用手摇动发电机时，两个线圈中同时有电流通过，在两个线圈上产生方向相反的转矩，表针就随着两个转矩的合成转矩的大小向右偏转某一角度，这个偏转角度取决于上述两个线圈中电流的比值。因为附加电阻的阻值是不变的，所以电流值取决于待测电阻阻值的大小。

2. 兆欧表的选择与使用

1）兆欧表的选择

在选择兆欧表时，还应注意它们的测量范围和被测对象的数值要相适应，以免引起大的读数误差。

（1）额定电压的选择。

兆欧表主要是根据被测对象的使用状况进行选择的。一般按照被测对象使用时所接触电压的大小，或电网额定电压的大小来选择其电压等级及测量范围。我国兆欧表按准确度等级分为五级，即 1.0、2.0、5.0、10.0、20.0；按额定电压分为九种，即 50 V、100 V、250 V、500 V、1000 V、2000 V、2500 V、5000 V、10 000 V。

电气设备在额定电压较高的条件下运行时，其绝缘电阻要求就高，就应该选择额定电压高和测量范围大的兆欧表。例如，电力系统中常用的绝缘子，它的绝缘电阻一般在 10 000 MΩ 以上，进行绝缘电阻测量时，应用 2500 V 以上的兆欧表。反之，电气设备在额定电压较低的条件下运行，由于其内部绝缘电阻所能承受的电压不高，如仪表测量机构与外壳之间，为了安全，在测量绝缘电阻时，就不能用额定电压太高的兆欧表。一般来说，额定电压在 500 V 以下的设备，选用 500 V 或 1000 V 的兆欧表，以避免设备的损坏或绝缘；额定电压在 500 V 以上的设备，则用 1000 V 或 2500 V 的兆欧表，以便在尽可能高的电压条件下发现设备绝缘的缺陷。

（2）电阻量程范围的选择。

发电机式兆欧表的表盘刻度线上有两个小黑点，其界定的区域为准确测量区域。因此，在选表时应使被测设备的绝缘电阻值在此准确测量区域内。

根据被测对象的不同，所选用兆欧表的额定电压和量程也不同，如表 7.2.13 所示。

表 7.2.13　兆欧表的额定电压和量程选择

被测对象	设备的额定电压/V	兆欧表的额定电压/V	兆欧表的量程/MΩ
低压电器装置	500 以下	500	0~200
变压器和电动机线圈的绝缘电阻	500 以上	1000~2500	0~200
发动机线圈的绝缘电阻	500 以上	1000	0~200
低压电气设备的绝缘电阻	500 以上	500~1000	0~200
高压电气设备的绝缘电阻	500 以上	2500	0~2000
瓷瓶、高压电缆、刀闸	—	2500~5000	0~2000

2）兆欧表的使用

第一，测量电力线路对地绝缘电阻。

测量电力线路的对地绝缘电阻时，将 E 接线柱可靠接地，L 接被测线路，测量示意图如图 7.2.26 所示。

图 7.2.26　测量电力线路对地绝缘电阻示意图

第二，测量设备（如电动机）内电路对外壳绝缘电阻。

首先，介绍电动机定子绕组对地（外壳）绝缘电阻摇测。

（1）对于低压电动机（单相 220 V，三相 380 V），新电动机应用 1000 V 兆欧表测量；运行过的电动机用 500 V 兆欧表测量。

（2）测量前应将端子上原有的电源线拆去。

（3）测对地绝缘电阻，实际就是测量绕组对机壳之间的绝缘电阻，至于电动机外壳是否做过接地，不影响其测量结果。

（4）测量时，电动机端子上的连接片不用拆开。兆欧表 L 线接电动机任一个端子，E 线接外壳，摇至 120 r/min，在 1 min 时读数。对于额定电压 380 V 的电动机、新电动机（交接实验），绝缘电阻>1 MΩ 为合格；运行过（预防性实验）的电动机，绝缘电阻>0.5 MΩ 为合格。对于额定电压为 220 V 的新电动机，绝缘电阻>1 MΩ 为合格；运行过的绝缘电阻>0.5 MΩ 为合格。测量线路如图 7.2.27 所示。

图 7.2.27　测量电动机定子绕组的对地绝缘电阻示意图

然后，介绍电动机定子绕组的相间绝缘电阻摇测。

（1）兆欧表电压等级的选用原则同电动机定子绕组对地绝缘电阻摇测。

（2）测量前将电动机端子上原有的连接片拆去，L、E 分别接在 U1、V1、W1 三个端子的任意两个上，测量三次（如 U1.V1、U1.W1、V1.W1 三次）。测量接线如图 7.2.28 所示。

（3）摇测方法及绝缘电阻要求与电动机定子绕组对地绝缘电阻摇测相同。

图 7.2.28　测量电动机定子绕组的相间绝缘电阻示意图

第三，测量电缆芯线绝缘电阻。

测量电缆芯线绝缘电阻时，兆欧表和电缆接线的操作示意图如图 7.2.29 所示。

（1）测量电缆芯线与外壳间的绝缘电阻时，将 E 接线柱接电缆外壳，L 接线柱接被测芯线，G 接电缆壳与芯线之间的绝缘层。

（2）保护环 G 接线的原因为电缆线一般埋在地下，因此其表面易潮湿及锈蚀，从而造成测量电缆绝缘时不准确，提供 G 接线后，表面漏电流不经过线圈，流过发电电源负载极，这样，测量结果只反映芯线与绝缘层之间的电阻大小，而不受表面漏电流大小的影响（在电缆表皮比较清洁时可以不接 G 端点）。

图 7.2.29　测量电缆芯线绝缘电阻示意图

第四，测量低压电容器绝缘电阻。

测量低压电容器的绝缘电阻，选用 500 V 或 1000 V 的兆欧表。对于预防性实验（即对运行中的电容器检查），兆欧表应有 1000 MΩ 的有效刻度。对于交接实验（即对新安装的电容器检查），兆欧表应有 2000 MΩ 的有效刻度，测量电容器绝缘电阻接线示意图如图 7.2.30 所示。

以并联电容器预防性实验为例，对绝缘电阻的要求为：预防性实验绝缘电阻＞1000 MΩ，交接实验绝缘电阻＞2000 MΩ。

测量低压电容器绝缘电阻的安全事项如下：

图 7.2.30　测量电容器绝缘电阻接线示意图

（1）选用适宜的兆欧表，并仔细检查，确认其完好、准确。

（2）将电容器退出运行。

（3）对电容器放电（先做各极对地放电，再做极间放电）。

（4）做好安全技术措施，验电，确定无电压后，挂临时接地线。

（5）拆下电容器上原有的接线。

（6）擦拭干净电容器端子的瓷绝缘。

（7）用软裸导线在每个端子上的磁绝缘上各紧绕 3～5 匝，改用有绝缘层的导线接到兆欧表的 G 端。

（8）用裸导线将电容器三个端子短接（待测）。

（9）将兆欧表 E 端接线接到电容器外壳带有标记处。

（10）一人手持绝缘用具，挑着 L 端的测试线。

（11）一人摇动兆欧表达 120 r/min 时，令 L 线接触电容器三极的短接线，并开始计时。

（12）至 60 s 时读数，必要时应做记录。

（13）撤开 L 测试线，再停止摇表。

（14）对电容器放电。

第五，测量低压导线绝缘电阻。

单股导线在穿管敷设前，应检查导线绝缘层是否良好，以防敷设后导线绝缘不良造成线路故障。测量低压导线的绝缘电阻选用 500 V 或 1000 V 的兆欧表。

测量导线绝缘电阻方法如下：

（1）准备一个水桶，将导线头拉出水面，如图 7.2.31 所示。

（2）水桶内放一个金属片，连接兆欧表的 E 端。兆欧表的 L 端接要测量导线的一端。

（3）摇动兆欧表达 120 r/min 时，绝缘电阻不应小于 2 MΩ。

兆欧表使用时，应注意以下几点：

（1）使用前的检查。使用前应检查兆欧表的状况是否良好，为此，先将兆欧表的"线"

"地"端开路,摇动手摇发电机达到额定转速,观察指针是否指到"∞"。然后将"线""地"端短路,慢慢摇动摇柄,观察指针是否指到"0"。如果指针指示不对,需调修兆欧表后才能使用。

图 7.2.31 低压导线绝缘电阻测量

（2）注意安全。为了保证安全,不可在设备带电的情况下测量其绝缘电阻。对具有较大电容或电感的高压设备,在停电后还必须进行充分的放电,然后才可测量。用兆欧表测量过的设备,也要及时加以放电。

（3）被测设备表面应擦拭干净。

（4）兆欧表应放置平稳,且应远离强电场与强磁场。

（5）测量时的接线不要用双股线或两根引线绞在一起,否则导线之间的绝缘电阻与被测对象之间的绝缘电阻相当于并联,使测量结果受影响。

（6）在测量设备对地的绝缘电阻时应当用 E 接外壳,L 接被测设备。否则,将可能会受大地杂散电流的影响,使测量不准。

（7）在测量绝缘时,应保持兆欧表的额定转速为 120 r/min,切忌忽快忽慢。

（8）绝缘电阻随着测试时间的长短而有差异,一般以 1 min 以后的读数为准。遇到电容量较大的被测设备（如电容器、变压器、电缆等）时,要等到指针稳定不变时才记录读数。

（9）测量过程中,不能用手去触及被测对象,也不能进行拆接导线等工作。测量完毕后,对具有大容量的设备,必须将测量连线断开后（如断开 L 端）,才能停止手摇发电机的转动,这样可防止放电电流打坏表针。

（10）禁止在雷电时或在附近有高压带电导体的场合用兆欧表测量,以防发生人身或设备事故。

7.2.6 稳压电源

电工电子实验室常用的直流电压一般为几伏至几十伏,一般都由直流稳压电源提供。常用的稳压电源分为指针式稳压电源和数显直流稳压电源。目前许多型号的直流稳压电源大多采用数字显示,并且同时具有稳压与稳流两种功能。下面以 RXN.305.II 型高精度稳压稳流电源为例来介绍其使用方法及技术参数。

1. RXN.305.II 型高精度稳压稳流电源结构

RXN.305.II 型高精度稳压稳流电源的外形如图 7.2.32 所示,面板结构介绍如表 7.2.14 所示。

图 7.2.32   RXN.305.II 型高精度稳压稳流电源

表 7.2.14   **RXN.305.II 型高精度稳压稳流电源面板结构介绍**

图中标号	名称	功能说明
1	固定 5 V 输出端口	单 5 V 电源输出端
2	I 路输出接线端口	连接外部负载到 "+" 端子和 "-" 端子
3	I 路输出电压指示值	指示 I 路输出电压
4	I 路输出电流指示值	指示 I 路输出电流
5	I 路输出电压调整旋钮	顺时针旋转输出电压升高，逆时针旋转输出电压降低
6	I 路稳压指示灯	CV 为稳压指示灯，此灯亮时表示电源工作在稳压状态
7	I 路输出电流调整旋钮	顺时针旋转稳流值升高
8	I 路稳流指示灯	CC 为稳流指示灯
9	连接开关	两路电源可以单独使用，也可以通过连接开关的设置并联或串联使用
10	II 路输出端接线端口	连接外部负载到 "+" 端子和 "-" 端子
11	II 路输出电压调整旋钮	顺时针旋转输出电压升高，逆时针旋转输出电压降低
12	II 路输出电流调整旋钮	顺时针旋转稳流值升高

2. RXN.305.II 型高精度稳压稳流电源工作原理

1）工作原理

稳压稳流电源的工作原理框图如图 7.2.33 所示，输入电源经变压器降压、整流电路整流滤波后由电压调整电路调整输出电压。当输出电流小于电流调整的整定值时，由输出电压检测电路对电压调整电路进行控制，使输出电压保持恒定。当输出电流达到电流调整的整定值时，由输出电流检测电路对电压调整电路进行控制，使输出电流不超过电流整定值。

图 7.2.33　稳压稳流电源工作原理框图

连接控制电路对两路输出电源端进行独立、并联、串联三种方式转换。电压、电流显示电路显示当前的输出电压和负载电流。

2）主要技术参数

RXN.305.II 型稳压稳流电压的主要技术参数如表 7.2.15 所示。

表 7.2.15　RXN.305.II 型稳压稳流电压技术参数介绍表

参数名称	数值	说明
输出电压	两路 0～30 V 可调，一路固定电压 5 V	两路可调电源可串联为 0～60 V 或±30 V 电源
最大输出电流	两路可调输出电源最大输出电流为 5 A，固定电压输出电源最大输出电流为 3 A	两路可调电源可并联使用，最大输出电流为 10 A
额定输入电压	交流 220 V±10%	输入电压为 198～242 V

参数名称		数值	说明
稳压状态	电压稳定度	≤0.01% + 2 mV	当输入电压在额定范围内变化时输出电压变化小于 0.01% + 2 mV
	负载稳定度	≤0.01% + 2 mV	当负载在额定范围内变化时（输出电流小于额定值），输出电压变化小于 0.01% + 2 mV
	纹波和噪声	≤1 mV（Vrms）	纹波电压小于等于 1 mV，Vrms 为电压有效值
稳流状态	电流稳定度	≤0.2% + 3 mA	稳流输出时输出电流变化小于等于 0.2% + 3 mA
	纹波和噪声	≤3 mA（Arms）	纹波电流小于等于 3 mA，Arms 为电流有效值

3. 使用方法

RXN.305.II 型稳压稳流电源的使用方式如表 7.2.16 所示。

表 7.2.16　RXN.305.II 型稳压稳流电源的使用方式

工作方式	操作内容	图示	说明
固定 5 V 输出	固定 5 V 输出		单 5 V 电源输出端无电压和电流指示，使用中应当注意不得过载，本电源固定 5 V 输出端最大输出电流为 3 A
两路电源单独使用（以 I 路为例）	连接开关设置		两路独立使用时，两个开关均为弹起状态
	I 路输出接线端		连接外部负载到右边的"+"端子和左边的"−"端子
	I 路输出电压指示		指示 I 路输出电压，图中所示为 8.0 V
	I 路输出电流指示		指示 I 路输出电流，图中所示为 1.08 A
	I 路输出电压调整		顺时针旋转输出电压升高，逆时针旋转输出电压降低，电压调整使用了多圈电位器，可旋转多圈调整
	I 路稳压指示		CV 为稳压指示灯，此灯亮时表示电源工作在稳压状态

续表

工作方式	操作内容	图示	说明	
两路电源单独使用（以 I 路为例）	I 路输出电流调整		顺时针旋转稳流值升高，逆时针旋转稳流值降低，可旋转多圈调整	稳流作用实际上就是最大电流限制，即输出电流达到稳流值后，若负载继续加重则会自动降低输出电压而保持输出电流在稳流值不变
	I 路稳流指示		CC 为稳流指示灯，此灯亮时表示电源工作在稳流状态	
两组电源并联使用	连接开关设置		两组电源并联使用时，两个开关均按下	两组电源并联使用就是将两路电源并联输出，并联后输出电压范围不变，但输出电流为单路电源的 2 倍，RXN.305.II 型高精度稳压稳流电源输出电压为 0～30 V，最大电流为 10 A
	输出端接线		此时两路输出在内部并联，使用 I 路或 II 路输出均可	
	输出电压调整		注意：此时只使用 II 路电压调整旋钮调整输出电压，输出电压可在 0～30 V 调整	
	输出电流调整		此时只使用 II 路电流调整旋钮调整输出稳流值，输出电流可达 10 A	
两组电源串联使用	连接开关设置		两组电源串联使用时按下左边按钮	两组电源串联使用就是将两路电源串联输出。串联后输出电压为单路电源的 2 倍，输出电流保持不变。RXN.305.II 型高精度稳压稳流电源输出电压为 0～60 V，最大电流为 5 A
	输出端接线		注意：I 路正输出端和 II 路负输出端已内部连通，外部可不必连接	

续表

工作方式	操作内容	图示	说明
两组电源串联使用	输出电压调整		注意：此时只使用 II 路电压调整旋钮调整输出电压，输出电压可在 0～60 V 调整
	输出电流调整		此时只使用 II 路电流调整旋钮调整输出稳流值，输出电流最大为 5 A
	两路稳压电源串联为 0～±30 V 可调稳压电源		两路电源串联使用时，如果将 I 路输出正端或 II 路输出负端接地，则可输出正、负对称电源，此时只使用 II 路电压调整旋钮调整输出电压，输出电压可在 0～±30 V 调整

7.3　电工安全基础知识

　　船舶安全用电，事关人身安全、用电设备安全及船舶电力系统安全，"安全第一，预防为主"是船舶安全用电的基本方针。在使用电能时，必须注意用电安全，防止事故的发生。

　　由于电气事故往往是多方面因素综合作用的结果，电气安全工作是一项综合性的工作，涉及工程技术和组织管理方面。

7.3.1　人身安全用电常识

　　船舶上电气设备众多，如果不了解安全用电知识，就很容易发生电气事故。本节主要介绍有关人身安全方面的安全用电知识。人身安全是指在从事电气工作和电气设备操作使用过程中人员的安全。下面介绍人身安全的基本常识。

1. 一般的用电安全知识

　　（1）严禁采用一线一地、两线一地、三线一地（指大地）安装用电设备和器具。

　　（2）严禁在一个插座或灯座上引接功率过大的用电器具或过多的用电器具。

　　（3）严禁用金属丝（如铅丝）绑扎电源线。

　　（4）不能用潮湿的手去触及开关、插座和灯座等用电装置，更不能用湿抹布去揩抹电气装置和用电器具。

（5）在搬移可移动电气设备时，要先切断电源。

（6）在潮湿环境中使用移动电器时，一定要采用 36 V 以下的安全低压电源。在金属容器内（如锅炉、蒸发器或管道等）使用移动电器时，必须采用 12 V 安全电源，并应有人在容器外进行监护。

（7）雷雨天气在室外活动要防止跨步电压触电。打雷是大气中一种强烈的放电现象，打雷的时间短（一次雷击时间约 60 ms）、电流大（可高达几万至几十万安）、电压高（可高达数十万至数百万伏），所以打雷时不要接近避雷针、避雷器及其接地点。遇到有高低压线被打断刮落在地时，不能走进距断线地点 10 m 以内的地段（以防跨步电压触电），更不能用手去触摸断线。若人已进入上述地段，身体有麻电感时，不要惊慌，应立即双脚并拢或用一只脚跳出该地段。

2. 专业电气工作人员人身安全知识

（1）在进行电气设备运行和维修工作时，必须严格遵守各种安全操作规程与规定，不得玩忽职守。

（2）进行电气维修操作时，要严格遵守停、送电操作规定，切实做好防止突然来电的各项安全措施。在一经合闸即可送电到工作地点的开关和刀闸的操作把手上，应悬挂"禁止合闸，有人工作！"的相关标示牌。

（3）在邻近带电部分进行电气操作时，为了保证电气工作人员在进行电气设备运行操作、维护检修时不致误碰带电体而引起电气事故，一定要保持可靠的安全距离。

（4）工作前，应检查电工工具的绝缘性能，以防工具绝缘损坏时带电操作而发生触电事故。在作业人员安全操作带电体及人体与带电体安全距离不够时，选用绝缘防护用具，此时应注意用具本身必须具备合格的绝缘性能和机械强度，且只能在和其绝缘性能相适应的电气设备上使用。

（5）登高作业者必须受过登高训练。

（6）要熟悉触电急救法和电气防火、防爆、救火等知识。若发现有人触电，要马上采取正确的方法进行抢救。

3. 电流对人体的伤害

由于人体是导体（人体电阻通常为 $10\sim100\ \text{k}\Omega$），当人体接触带电体时，电流对人体会造成两种伤害：电击和电伤。电击指电流通过人体，使人体内部组织受损而造成的伤害，主要引起心颤、昏迷、窒息，甚至死亡；电伤指电流对人体外表所造成的伤害，常见的有烧伤、烙伤和皮肤金属化等。触电对人体的伤害程度与通过人体的电流强度、触电电压、电流种类、电源频率、电流路径、电流持续时间、人体电阻、个体区别等因素有关。

1）电流强度

通过人体的电流越大，对人体伤害越大。当 1 mA、50 Hz 交流电或 5 mA 直流电通过人体时，人会有发麻、痛的感觉；当通过 20 mA、50 Hz 交流电或 30 mA 直流电时，人会感到麻木、剧痛，并失去摆脱电源的能力。人体触电后可以摆脱电源的最大电流为 $10\sim16$ mA，因此漏电保护通常设在 20 mA。

对于工频交流电，按照人体所呈现的不同状态，通过人体的电流大致可分为下列三种。

（1）感觉电流。

引起人的感觉的最小电流称为感觉电流。实验表明，成年男性的平均感觉电流约为 1 mA，成年女性约为 0.7 mA。

（2）摆脱电流。

人触电后能自主摆脱电源的最大电流称为摆脱电流。实验表明，成年男性平均摆脱电流约为 16 mA，成年女性约为 10 mA。

从安全角度考虑，男性最大摆脱电流为 10 mA，女性为 6 mA，儿童的摆脱电流较成年人小。

（3）致命电流。

在较短时间内危及生命的最小电流，也可以说引起心室颤动的电流称为致命电流。

引起心室颤动的电流与通过时间有关。实验表明，当电流通过时间超过心脏跳动周期时，引起心室颤动的电流一般是 50 mA 以上。当通过电流达数百毫安时，心脏会停止跳动，可能导致死亡。

2）触电电压

触电时电压对人的伤害主要取决于在此电压下流入人体的电流大小。人们通常把 36 V 定为接触安全电压。当电压大于 100 V 时，危险性急剧增加，大于 200 V 时会危及人的生命。安全电压规定为交流电压 50 V 以下，直流电压 120 V 以下。

3）电流种类

实验证明，交流电流、直流电流、特殊波形电流都对人体具有不同程度的伤害作用，但其伤害程度以工频交流电流最为严重。

4）电源频率

直流电对血液有分解作用，而高频电流对人体没有伤害，且具有医疗保健作用。电源频率在 40～60 Hz 时对人体的伤害最大。

5）电流路径

电流在人体内流过的路径不同，对人体危害的程度不同。电流流过人的心脏等重要器官时，对人的危害最大。电流从手流到脚，或从一只手流到另一只手时，人体触电的严重性最大。

6）电流持续时间

人体触电的时间越长，人体电阻变得越小，通过人体的电流将越大，其危害性越大。因此，发现有人触电时，应立即采取措施，使触电者脱离电源。

7）人体电阻

人体电阻基本上是按表皮角质层电阻大小而定的，但由于皮肤状况、与电的接触程度等情况不同，电阻值也有所不同，如皮肤较潮湿，触电接触紧密时，人体电阻就较小，通过的触电电流就较大，所以危险性也就增加。

8）个体区别

因为人体的室颤电流与通过电流的心脏的质量有关，所以有心脏病、中枢神经系统疾病、肺病的人电击后的危险性较大；而身体健康、肌肉发达者的摆脱电流较大；女性的感知电流和摆脱电流仅是男性的 2/3，所以触电危险性较大；儿童电击后的危险性比成年人大；人体当时的精神状态和心理因素对电击后果也有影响。

4. 触电人员的急救

1）人体触电方式
触电包括直接触电和间接触电两种。直接触电是指人体直接接触或过分接近带电体而触电；间接触电指人体触及正常时不带电而发生故障时才带电的金属导体而触电。最常见的触电方式有以下几种。

（1）单相触电。
人体接触带电体或线路中的某一相，电流从带电体流经人体到大地（或零线）形成回路，这种触电称为单相触电。

单相触电有两种形式：一种是在中性点不接地系统中，当人体接触到一根相线时，电流从相线经人体，再经大地和线路之间的分布电容形成回路，如图 7.3.1（a）所示；另一种是在中性点接地系统中，人体接触到一根相线时，电流从相线经人体，再经接地线回到中性点，如图 7.3.1（b）所示。

(a) 中性点不接地系统单相触电示意图　(b) 中性点接地系统单相触电示意图

图 7.3.1　单相触电

在接触电气线路（或设备）时，如果不采取防护措施，一旦电气线路或设备绝缘损坏漏电，将引起间接的单相触电。如果站在地上误触带电体的裸露金属部分，也将造成直接的单相触电。

（2）两相触电。
人体的不同部位同时接触带电设备或线路中的两相导体而引起的触电方式称为两相触电，如图 7.3.2 所示。此时，人体承受的是线电压，通过人体的电流较大，比单相触电更具有危险性。

图 7.3.2　两相触电

（3）跨步电压触电。

雷电流入地时，或运行中的电气设备因绝缘损坏漏电时，会在导线接地点及周围形成强电场。其电位分布以接地点为圆心向周围扩散、逐步降低，因此在不同位置形成电位差，人跨进这个区域，两脚之间将存在电压，该电压称为跨步电压。在这种电压作用下，电流从接触高电位的脚流进，从接触低电位的脚流出，这就是跨步电压触电。如图 7.3.3 所示，U_p 表示带电体接地点的对地电压；两条曲线表示接地点周围地面的对地电压；U_k 为人两脚间的跨步电压。

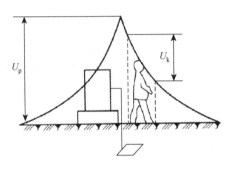

图 7.3.3　跨步电压触电

一个人当发觉受到跨步电压的威胁时，应立即把双脚并拢在一起，或尽快用一条腿跳着离开危险区。

（4）接触电压触电。

电气设备绝缘损坏或接地部分损坏等造成接地故障时，设备与大地之间产生电位差，如果人体两个部分（如手和脚）同时接触设备外壳和地面，人体两部分会处于不同的电位，在人体内就会有电流流过，这时加在人体两个部位之间的电位差称为接触电压。由接触电压造成的触电事故称为接触电压触电。

在电气安全技术中，接触电压以站立在距漏电设备接地点水平距离为 0.8 m 处、人手触及的漏电设备外壳距地 1.8 m 高时，手脚间的电位差为衡量基准。接触电压值的大小取决于人体站立点与接地点的距离，距离越远，接触电压值越大；当距离超过 20 m 时，接触电压值最大，即等于漏电设备上的电压；当人体站在接地点与漏电设备接触时，接触电压为零。

（5）残余电压触电。

在实际应用中，当人触及带有剩余电荷的设备和线路时也能造成触电事故。储能元件（如并联电容器、电力电缆、电力变压器及大容量电机等）在退出运行或对其进行类似摇表测量等检修后，会带上剩余电荷。因此，要及时对其放电，以防残余电压触电。

（6）雷击触电。

雷击事故是一种自然现象，是雷云向地面突出的导电物体放电时引起的自然灾害。雷击除了可以毁坏建筑设施，使电力设备造成事故，也可以直接伤害人畜。雷电流对人可能发生直接伤害和间接伤害。直接雷击可将人击毙或击伤、烧伤；间接伤害有可能发生跨步电压触电、接触电压触电和感应电压触电。

因此，闪电打雷时要迅速到就近的建筑物内躲避。在野外无处躲避时，要将手表、眼镜等金属物品摘掉，找低洼处卧倒，千万不要在大树下躲避。

2）触电的常见原因

（1）缺乏电气基本常识。

（2）电气操作制度不严格、不健全，违反操作规程或误操作。

带电操作时，不采取可靠的安全措施，或不熟悉电路和电器而盲目修理；救护已触电的人时，自身不采取安全保护措施；停电检修时，不挂警告牌；检修电路和电器时，使用不合格的工具；人体与带电体过分接近，又无绝缘措施或屏护措施；在架空线上操作时，不在相线上加临时接地线；无可靠的防高空跌落措施等。

（3）用电设备不符合要求。

电气设备内部绝缘损坏，金属外壳又未加保护接地装置或保护接零装置损坏，保护接地线太短，接地电阻太大；开关、灯具、携带式电器绝缘外壳破损，失去防护作用；开关、熔断器误装在中性线上。

（4）用电不谨慎。

违反布线规程，在室内乱拉电线或随意加大熔断器熔丝规格；在电线上或电线附近晾晒衣物；在电线（特别是高压线）附近打鸟、放风筝；打扫卫生时，用水冲洗或用湿布擦拭带电电器或线路；雨天电气设备绝缘能力降低而漏电等。

3）触电急救

触电的现场急救是抢救触电者的关键。首先要使触电者迅速脱离电源，越快越好。电流作用时间越长，伤害就越大。在脱离电源的过程中，救护人员既要救人，也要注意保护自己。正确的触电急救方法如下，可根据具体情况选择采用。

（1）脱离低压电源的方法。

①迅速切断电源，如拉开电源开关或刀闸开关。但应注意，普通拉线开关只能切断一相电源线，不一定切断的是相线，所以不能认为已切断了电源线。

②如果电源开关或刀闸开关距触电者较远，可用带有绝缘柄的电工钳或有干燥木柄的斧头、铁锹等将电源线切断。

③触电者由于肌肉痉挛，手指握紧导线不放松或导线缠绕在身上时，可首先用干燥的木板塞进触电者的身下，使其与地绝缘来隔断电源，然后采取其他办法切断电源。

④导线搭落在触电者身上或压在身下时，可用干燥的木棒、竹竿挑开导线或用干燥的绝缘绳索套拉导线或触电者，使其脱离电源。

⑤救护者可用一只手戴上绝缘手套或站在干燥的木板、木桌椅等绝缘物上，用一只手将触电者脱离电源。

（2）触电者脱离电源时的安全注意事项。

①救护人员不得使用金属或其他潮湿的物品作为救护工具。

②未采取任何绝缘措施，救护人员不得直接与触电者的皮肤和潮湿衣服接触。

③防止触电人脱离电源后发生二次伤害，如脱离电源后可能出现的摔伤事故。

④使触电人脱离电源后，若其呼吸停止，心脏不跳动，但没有其他致命的外伤，只能认为是假死，必须立即就地进行抢救。

⑤救护工作应持续进行，不能轻易中断，即使在送往医院的过程中，也不能中断抢救。

⑥如触电人触电后已出现外伤，处理外伤不应影响抢救工作。

⑦对触电人急救期间，慎用强心针。

⑧夜间有人触电，急救时应解决临时照明问题。

⑨当交给医务人员救护时，一定要讲清楚此人是触电昏迷的。

（3）现场救护。

触电者脱离电源后，应立即就近移至干燥通风的场所，进行现场救护。同时，通知医务人员到现场并做好送往医院的准备工作。现场救护可按以下办法进行处理：

①触电者所受伤害不太严重，神志清醒，只是有些心慌、四肢发麻，全身无力，一度昏迷，但未失去知觉。此时，应使触电者静卧休息，不要走动。同时严密观察，请医生前来或送医院诊治。

②触电者失去知觉，但呼吸和心跳正常。此时，应使触电者舒适平卧，四周不要围人，保持空气流通，可解开其衣服以利呼吸，同时请医生前来或送医院诊治。

③触电者失去知觉，且呼吸和心跳均不正常。此时，应迅速对触电者进行人工呼吸或胸外按压，帮助其恢复呼吸功能，并请医生前来或送医院诊治。

④触电者呈假死症状，若呼吸停止，应立即进行人工呼吸；若心脏停止跳动，应立即进行胸外按压；若呼吸和心跳均已停止，应立即进行人工呼吸和胸外按压。现场救护工作应做到医生来前不等待，送医院途中不中断，否则触电者将很快死亡。

⑤对于电伤和摔伤造成的局部外伤，在救护中也应做适当处理，防止触电者伤情加重。

7.3.2　电气设备安全用电

本节介绍一般电气设备的用电注意事项，至于深层次的用电设备的安全用电，还应结合具体电气设备的原理、各装置的使用操作说明等来进行。

设备安全是指电气设备及其附属设备、设施的安全。设备安全主要从下列因素考虑。

1. 设备运行安全知识

（1）对电气设备要做好安全运行巡视、检查工作，并及时、准确地填写工作记录和规定的表格，对出现故障的电气设备和线路应及时维修，以免发生或扩大事故。

（2）严格遵守送电、停电操作规定，送电时应先合隔离开关，再合负荷开关；断电时则先断负荷开关，再断隔离开关。

（3）线路出现故障时，若必须停电，则停电范围以满足安全工作为限，不能随意扩大停电范围，要防止突然断电造成的不良后果。

（4）电气设备一般不能受潮，在潮湿场所使用时，要有防雨、防潮措施。电气设备工作时会发热，应有良好的通风散热条件和防火措施；对裸露设备及线路要防止小动物造成意外事故。

（5）电气设备的金属外壳应有保护接地或保护接零措施。电气设备运行时可能会出现一些故障，所以应有短路保护、过载保护、欠压和失压保护等保护措施；在雷击高发区应有防雷措施。

2. 电气设备的安装安全要求

所有电气设备的安装都应严格按照安装规定进行，不能随意变动。例如，配电电器开关绝不允许倒装，如闸刀开关若倒装就可能自动合闸，危及线路检修人员的安全；不能将开关插座或接线盒等直接安装在建筑物上，否则可能在受潮时造成漏电事故。

3. 移动电气设备的安全要求

安全电压是指在各种不同工作使用环境中，正常情况下人体接触到该电压带电体后不发生损害。交流工频安全电压的上限值，在任何情况下，两导体间或任一导体与地之间都不得超过 50 V。我国工频电流安全电压的额定值为 42 V、36 V、24 V、12 V、6 V。一般应根据作业场所、操作员条件、使用方式、供电方式、线路状况等因素选用相应的安全电压等级。安全电压有一定的局限性，它仅适用于小型电气设备，如手持电动工具等。

不同场所对电气设备的安装、维护、使用及检修有不同的要求。现按触电的危险程度将电气设备的工作场所分为以下几类。

（1）无高度触电危险的建筑物（即一般场所）。其特点是室内干燥（相对湿度不大于 75%，气温不低于 5℃），空中无导电粉末，金属占有系数小于 20%（占有系数指金属品所占面积与建筑物总面积之比），地面由非导电性材料（如干木材、沥青、瓷砖或塑料贴面）制成。例如，住宅、公共建筑物与生活建筑物，仪表装配间、装有空调的实验室和控制室等建筑，在这种场所，各种易接触到的电器、携带型电气工具的使用电压不应超过 220 V。

（2）有高度触电危险的建筑物（即危险场所）。其特点是室内环境潮湿（相对湿度大于 75%），高温（气温高于 30℃），室内含有导电粉末，有暂时性的蒸汽出现，金属占有系数大于 20%，地面为泥、砖、钢筋混凝土或金属等导电性地面，或地面虽铺有绝缘材料，但常处于潮湿状态。例如，室内外配变电所、水泵房、压缩机站、无空调的办公室、食堂的厨房等，在此种场所各种易接触到的电器、携带型电气工具的使用电压不超过工频 36 V。

（3）特别易触电危险的建筑物（即特别危险场所）。其指环境特别潮湿（相对湿度达 100%），地面、天花板与墙壁经常是潮湿状态的建筑物，有腐蚀性蒸汽、煤气或游离物的建筑物及具有上述两个或两个以上特征的建筑物，如锅炉房等。在这种场所，各种易接触到的电器、携带型电气工具的使用电压不超过 12 V（特低安全电压）。在金属容器内、隧道内等工作场合，狭窄、行动不便及周围有大面积接地导体的环境，应采用的安全电压为 12 V。水下作业采用的安全电压为 6 V。

4. 电气设备绝缘

电气设备绝缘良好是其安全用电和人身安全的必要保证。船舶工作环境非常恶劣，电气设备经常工作在高温、高湿、高盐雾、高油雾及易生霉菌的条件下，还会受到很大的冲击与振动，所以保证船用电气设备的良好绝缘就显得更为重要。

电气设备的绝缘功能由绝缘材料予以实现，其寿命在很大程度上取决于绝缘材料的寿命。在实际应用中，绝缘材料寿命的主要影响因素是其热稳定性（耐热性），用额定温升予以表征，即电气设备在额定运行状态时的最高允许温度与标准环境温度之差。当电气设备的温升超过其绝缘材料的最高允许温度时，将使绝缘材料加速老化以致产生热击穿而损坏电气设备，所以在使用中，电气设备的温升不得超出其绝缘材料的允许温度。

船舶电网绝缘状态的好坏用其绝缘电阻予以表征，分为静态绝缘电阻及动态绝缘电阻两种。电网断电时用便携式兆欧表测得的绝缘电阻为静态电阻，而电网带电时用配电板式兆欧表测得的绝缘电阻为动态电阻。由于动态电阻是电气设备正常运行时测得的，反映了环境（温度、相对湿度、盐雾、油雾等）和电网电压、频率所引起的介质损耗、极化及机械振动等因素的影响，所以能够更为真实地表征电网的绝缘状况。

各类船舶电气设备的动态绝缘电阻最低允许值可以参见相关规范。

1）电气设备的额定值

电气设备的额定值为电气设备在给定的工作条件（环境条件、使用条件）下正常运行各电气参数（电压、电流、频率、功率、功率因数、温升等）的允许值。若电流超过额定值，会温升超限，产生热击穿。当电压超出额定值过大时，绝缘材料会产生高电压击穿。各允许参数由设备制造厂家规定。

在实际应用中，电压、频率必须等于额定值，而电流、功率、功率因数等参数主要取决于负载的大小及其性质，不是总与额定值相等，但一般不超过额定值。

电气设备按额定值工作时应注意以下几点：

（1）一般而言，电气设备允许短暂过载。

（2）实际环境温度超过标准环境温度时，应采取减载或加强冷却散热等措施。

（3）不同工作制的电气设备不能相互替换。

2）常用绝缘材料的类型与等级

（1）绝缘材料类型。

绝缘材料依不同分类方法有多种类型。从形态上分有气体、液体、固体三类。其中，固体材料又可分为无机绝缘材料、有机绝缘材料、混合绝缘材料及有机硅绝缘材料。

①无机绝缘材料，耐热性好，不燃烧，不分解，如陶瓷、玻璃等。

②有机绝缘材料，耐热性差，高温下会分解、燃烧或炭化，易老化，如树脂、橡胶等。

③混合绝缘材料，为无机有机混合物，强度高，耐热，如以有机纤维材料补强的云母、石棉等。

④有机硅绝缘材料，介于有机物与无机物之间的合成物，耐高温，如有机硅绝缘漆、有机硅橡胶等。

（2）绝缘材料等级。

根据最高允许温度的不同，各种绝缘材料可划分为七个等级。船舶电气设备多采用E级、B级材料。其中液体材料有浸渍漆、覆盖漆等；固体材料有各种绝缘带，常用绝缘薄膜和复合箔、电绝缘纸和纸板及电工常用层压制品。

3）提高电气绝缘的方法

在电气设备的寿命期内，其绝缘性能下降的主要影响因素有发热、材料具有吸湿性、振动及霉菌作用等。因此，提高电气绝缘主要应提高材料的热稳定性、抗潮性、抗生物性和机械强度。

采用浸渍漆浸渍线圈等部件可以增加绝缘材料的导热能力、抗潮性及机械强度。采用覆盖漆可提高机械强度和抗潮性。电绝缘纸经浸渍处理也可以提高抗潮性和导热能力。在漆中添加防霉剂，可提高抗生物性。复合箔的抗撕裂性与表面挺扩性也较好。另外，发电机、主令控制器内设有的电加热设备也提高了抗潮性能。

4）绝缘安全用具

为了保证电气工作人员在电气设备运行操作、维护检修时不致误碰带电体，规定了工作人员离带电体的安全距离；为了保证电气设备在正常运行时不会出现击穿短路事故，规定了带电体离附近接地物体和不同相带电体之间的最小距离。

绝缘安全用具是保证从业人员安全操作带电体及人体与带电体之间的距离不够安全距离时所采取的绝缘防护工具。绝缘安全用具按使用功能可分为如下几类。

（1）绝缘操作用具。

绝缘操作用具主要用来进行带电操作、测量和其他需要直接接触电气设备的特定工作。常用的绝缘操作用具一般有绝缘操作杆、绝缘夹钳等，如图 7.3.4 所示。这些绝缘操作用具均由绝缘材料制成。正确使用绝缘操作用具，应注意以下两点：

①绝缘操作用具本身必须具备合格的绝缘性能和机械强度。

②只能在和其他绝缘性能相适应的电气设备上使用。

(a) 绝缘操作杆

握手部分　　　　绝缘部分　　　　工作部分

握手部分　　绝缘部分　　工作部分

(b) 绝缘夹钳

图 7.3.4　绝缘操作用具

（2）绝缘防护用具。

绝缘防护用具则对可能发生的有关电气伤害起到防护作用，主要用于对泄漏电流、接触电压、跨步电压和其他接近电气设备时存在的危险等进行防护。常用的绝缘防护用具有绝缘手套、绝缘靴、绝缘隔板、绝缘站台、绝缘垫等，如图 7.3.5 所示。当绝缘防护用具的绝缘强度足以承受设备的运行电压时，才可以用来直接接触运行的电气设备，一般不直接触及带电设备。使用绝缘防护用具时，必须做到使用合格的绝缘防护用具，并掌握正确的使用方法。

7.3.3　电气防火与防爆

电气火灾和爆炸是危害性极大的灾难性事故，其特点是电气火灾火势凶猛，蔓延迅速，既可能造成人身伤亡，又可造成设备、线路及建筑物的重大破坏，还可造成大规模、长时间停电，给国家财产造成重大损失。

(a) 绝缘手套 (b) 绝缘靴

(c) 绝缘站台 (d) 绝缘垫

图 7.3.5 绝缘防护用具

引起电气火灾和爆炸的原因是广泛的，几乎所有的电气故障都可能导致电气着火，特别是在易燃易爆场所，较高的温度和微小的电火花也可能引起着火或爆炸。因此，普及有关常识和制定相关防护措施很有必要。

1. 产生电气火灾与爆炸的原因

电气火灾是指由电气原因引发燃烧而造成的灾害。短路、过载、漏电等电气事故都有可能导致火灾。设备自身缺陷，施工安装不当，电气接触不良，雷击静电引起的高温、电弧和电火花是导致电气火灾的直接原因。周围存放易燃易爆物是电气火灾发生的环境条件。

燃烧是一个氧化过程，它取决于温度、助燃物（如空气中的氧）和可燃物。各种电气设备的绝缘物大多是可燃物质，一旦超过危险温度便可能引发事故。

经验表明，产生电气火灾与爆炸的原因有以下几点。

（1）电气设备或导体过电流造成的过热，其原因有：使用不当而使电气设备或线路过载引起的发热；绝缘损坏或老化引起过热，发生接线错误或者人为因素造成的电气短路而使线路或设备温度急剧上升；雷击产生巨大热量。

（2）在电流回路中，局部电阻增大导致电气设备或线路的局部发热过度。这些部位多是活动触头、松动的接头等，其接触电阻过大，在接触部位发生过热而引起火灾。

（3）电火花、电弧的温度很高产生的热量。引起电火花的原因是正常运行时开关的开与合、电机电刷滑环的摩擦产生火花；故障时短路接地、导线松脱、机械碰撞、感应放电等产生电火花和电弧；雷电闪络或静电放电时产生电弧或电火花。

（4）电气设备运行中，由于通风、散热不良，设备过热。

（5）电气设备在故障情况下运行，引起设备发热或烧毁。例如，电气设备内部的铁心绝缘损坏或长时间过电流使其涡流损耗与磁滞损耗增加而引起过热；电动机绕组局部短路、接地；电源单相等。

（6）运行操作不正确或维护不当导致发热。

（7）电压过高或过低，使电动机或电器线圈过热。

例如，带负荷拉合刀闸；在施工作业中乱接电源线（如照明线路接用电炉），造成线路过载或短路。

（8）可燃物（气体、液体或固体）遇到电气开关设备的通断产生电弧或电火花、静电放电火花，或者遇到各种热源，引起火灾，甚至爆炸。

2. 电气消防知识

导致电气火灾的原因很复杂，不可能绝对杜绝电气火灾的发生，所以有必要了解一定的消防知识。电气火灾的特点是着火后电气设备可能是带电的，有些电气设备本身还充满大量的油，可能会发生喷油，甚至爆炸。如果发生了火灾，应立即报警，同时立刻进行扑救。

1）灭火前的安全组织措施

（1）火灾及爆炸危险场所的注意事项。

火灾及爆炸危险场所的工作人员应该具备消防安全知识，严格按照有关规程和制度从事工作，电气维修人员应加强检查及安全防范工作。在爆炸危险场所，一般不应进行测量工作，更换灯泡等工作也应在断电之后进行。

（2）发生火灾和爆炸必须具备的条件。

一是在环境中要存在有足够数量和浓度的可燃易爆物质。二是要有引燃或引爆的能源。前者又称危险源，如煤气、石油气、乙醇蒸气、各种可燃粉尘、纤维等；后者又称火源，如明火、电火花、电弧和高温物体。三是要有氧气或空气。因此，电气防火防爆措施应着力于排除上述危险源和火源。

2）灭火前的电源处理

发生电气火灾时，应尽可能先切断电源，而后采用相应的灭火器材进行灭火，以加强灭火效果和防止救火人员在灭火时发生触电。切断电源的方法及注意事项有以下几个方面：

（1）切断电源。切断电源（停电）时切不可慌张，不能盲目乱拉开关，应按规定程序进行操作，严防带负荷拉刀闸，避免引起闪弧，造成事故扩大。火场内的开关和刀闸，由于烟熏火烤，其绝缘性会降低或破坏，操作时应戴绝缘手套，穿绝缘靴，并使用相应电压等级的绝缘用具。

（2）切断带电线路导线。切断点应选择在电源侧的支持物附近，以防导线断落到地上造成短路或触电事故。切断低压多股绞合线时，应分相一根一根地剪，不同相电线要在不同部位剪断，且应使用有绝缘手柄的电工钳或戴上干燥完好的手套进行。

（3）切断电源（停电）的范围。范围要选择适当，以防断电后影响灭火工作。若夜间发生电气火灾，切断电源时应考虑临时照明问题，以利于扑救。

（4）需要电力部门切断电源时，应迅速用电话联系并说清地点与情况。

3）带电灭火的安全措施

如果处于无法切断或不允许切断电源、时间紧迫来不及断电或不能肯定确已断电的情况下，应实施带电灭火措施。它是一种蕴含着一定危险性、不得已的做法，为防止人身触电，带电灭火应注意以下安全要求。

（1）使用干粉灭火剂。

应使用二氧化碳、四氯化碳、1211、干粉灭火剂，这类灭火剂不导电。不得使用泡沫灭火剂和喷射水流类导电性灭火剂。

（2）警戒范围。

若高压电气设备或线路导线断落地面发生接地，应划出一定的警戒范围以防止跨步电压触电。室内，扑救人员不得进入距故障点 4 m 以内的范围；室外，不得进入距故障点 8 m 以内的范围。当必须进入上述范围内时，必须穿绝缘靴，接触设备外壳和构架时，应戴绝缘手套。

（3）灭火工具。

用水枪灭火时宜采用喷雾水枪，同时必须采取安全措施，如穿戴绝缘手套、绝缘靴或均压服等进行操作。水枪喷嘴应可靠接地。接地线可采用截面面积为 $2.5 \sim 6 \ mm^2$、长 $20 \sim 30 \ m$ 的编织软导线，接地极可用临时打入地下的长 1 m 左右的角钢、钢管或铁棒。

（4）注意事项。

用四氯化碳灭火剂灭火时，灭火人员应站在上风侧，以防中毒，灭火后要注意通风。扑救架空线路的火灾时，人体与带电导线间的仰角应不大于 45° 并站在其外侧，以防导线断落引起触电。未穿绝缘靴的扑救人员，要注意防止地面的水渍导电而发生触电。

（5）变压器等电器的灭火。

若遇到变压器、油断路器、电容器等油箱破裂，火势很猛时，一定要立即切除电源并将绝缘油导入储油坑。坑内的油火可采用干砂和泡沫灭火剂等扑灭。地面的油火则不准用水喷射，以防止油火漂浮在水面而扩大。此外，还要防止燃烧着的油流入电缆沟内引起蔓延。

（6）电动机的灭火。

工作着的电动机着火时，为防止设备的轴与轴承变形，应使其慢速转动并用喷雾水枪扑救，使其能均匀地冷却。也可采用二氧化碳、四氯化碳、1211 灭火剂扑救，但不可使用干粉、沙子或泥土等灭火，以免造成电机的绝缘和轴承受损。

3. 电气设备的防火要求

（1）电气设备的负荷量在额定值以下，不得超载长期运行，电压、工作制及使用环境应符合铭牌要求。

（2）电气设备安装质量必须符合要求。

（3）严格按环境条件选择电气设备。

（4）防止机械碰伤损坏绝缘。

（5）导体连接牢靠，防止松动。

（6）按要求定期测量绝缘电阻，发现绝缘电阻过低时，应查明原因及时处理。

（7）注意日常维护、保养和清洁工作，防止水溅到电器上。

（8）及时排除电气故障。

（9）易燃、易爆场所应使用防爆电气设备。

4. 船舶电气设备的防火与防爆

1）普通船舶电气设备的防火防爆

前面已经提到，发生电气火灾应存在可燃气体或物体，有火源或高温，有氧气或空气，若混合气体在爆炸极限内则会发生爆炸。引起船舶电气设备火灾的原因有很多，为了避免电气火灾的发生，应做到：

（1）经常检查绝缘电阻，确保设备绝缘性能良好。

（2）导线应限流，不能长期过载。

（3）按工艺要求进行电气安装，不得乱接线。

（4）在易燃易爆场合应使用防爆电器。

（5）接触点要牢固，防止松动、过热氧化，铜、铝导体连接应注意防止电化学腐蚀。

（6）注意舱室通风，避免油气积聚。

（7）按要求使用易燃品。

船舶上发生电气火灾时，应使用正确的工具与方法扑灭。以下简要介绍船舶上可用的灭火器具。

（1）二氧化碳灭火系统：灭火效果好，速度快，不损伤设备。

但要注意：二氧化碳气化时，气化温度可达-78.5℃，所以要严防冻伤；当氧气浓度稀释到 10%以下时，可使人窒息，所以要谨防人员窒息；不能与水或蒸汽一起使用，否则将降低灭火效能。

（2）干粉灭火器：灭火迅速，效果好，但成本高，多用作小范围灭火。

干粉灭火器在使用时，在压缩的氮气或二氧化碳气体驱动下，喷射在燃烧物上，形成微粒的隔离层，在火焰中受热反应后，分解出不燃性气体和粉雾，稀释氧气和阻碍热辐射，使燃烧连锁反应终止，其缺点是粉粒附在电器上，善后处理困难。

（3）1211 灭火器：灭火效果好，但破坏大气臭氧层，目前一般已停用。

它是卤代烃灭火剂的一种，符号为 BCF，其灭火原理是在火焰中分解出卤族元素的游离基，从而夺取燃烧中的氧和氢氧游离基，形成稳定分子，使燃烧连锁反应停止，从而抑制了燃烧，其毒性、腐蚀性小，绝热性强，稳定性好。

对于已切断电源的电气设备灭火，也可采用水系统，但会使设备绝缘受损，最后还应进行绝缘处理，以使绝缘达到允许值。若火势不大，一般不用水系统灭火。

2）油船电气设备的防火防爆

较之普通船舶，油船的防火防爆显得更为重要。油船上的电气火灾除上述原因外更易被静电引起。静电就是物理性质不同的两个对地绝缘体紧密接触并发生相对运动，当其分开后，在各自表面将产生等量异号束缚电荷的现象。因此，对油船电气设备的防火防爆有一些特殊的要求。

（1）油船危险区域划分。

第一类区域为货油舱、垂直隔舱。

第二类区域为水平隔离空舱、货油泵舱、输油软管储藏室；货油舱及水平隔离空舱上部相邻舱室；直接与货油舱相邻的通道和舱室（垂直隔离空舱除外）。

（2）油船电气设备的防火防爆要求。

①配电系统的防火防爆要求。

a. 必须为对地绝缘系统：直流为双线绝缘系统，交流单相为双线绝缘系统，交流三相为三线绝缘系统。

b. 除下列情况外，发电机电路、供电及配电电路均不应接地，也不能以船体为回路：仪表互感器次级绕组接地、抗无线电干扰的电容器接地、网络绝缘监测装置接地及内燃机起动、点火系统接地。

c. 不同电压网络不应有电气上的连接。

②电缆和电气设备的防火防爆要求。

对于危险区域，原则上不应敷设电缆和安装电气设备，若必须安装，则应使用防爆式电器或本质安全型电器（在正常和故障时都不会引燃可爆气体），不得安装插座，照明灯具应符合规范要求；泵舱照明采用两路馈电且灯点交错布置；电缆应用气密电管敷设或使用护套电缆，出入舱室电缆孔应以填料分隔；防爆电气设备与货油舱透气管出口端距离不小于 3 m，透气管出口端应高出桅杆至少 1 m；装于露天甲板安全区域内的插座应带有连锁开关；油船上严禁张挂彩灯。

③防静电要求。

a. 油管、舱口盖、索具应可靠接地。

b. 电气设备金属外壳将保护接地作为防静电接地。

c. 控制货油流速、洗舱水压力与流速。

d. 在卸油、排压载水或洗舱前应向舱内充注惰性气体，并在航行期内注意补充（无论舱内装油还是压载水）。

e. 人员应着防静电服及鞋。

7.3.4 船舶电气设备的接地和接零

船舶电气设备接地就是将电气设备的金属外壳支架或电路中某一点通过接地装置与钢质船体进行良好的永久性电气连接。

电气设备有多种接地形式，其中保护接地与保护接零用于保证人身安全，工作接地用于确保电气设备的正常工作，屏蔽接地用于防无线电干扰。

1. 基本概念

1）中性点与中性线

发电机、变压器、电动机和电器的绕组中，以及串联电源回路中有一点，它与外部接线端间的电压绝对值均相等，称为中性点。例如，星形连接的三相电路中，三相电源或负载连在一起的点称为中性点，中性点引出的导线称为中性线；当中性点接地时称为零点，由零点引出的导线称为零线，如图 7.3.6 所示。

2）中性点接地工作方式

中性点分接地与不接地两种工作方式。

中性点不接地工作方式的优点是发生单相接地时仍能照常运行一段时间，但实际上这种工作方式是电容接地，如图 7.3.7 所示。当线路较长时，电容电流较大，此时将失去前述优点；若线路很短，接地故障电流不能使继电器有准确的选择性动作，从而造成检查与隔开故障线路的困难。当单相接地时，有可能发展成两相接地短路，影响电力系统的稳定性。而且由于单相故障时间可能维持较长，在电容电流起弧情况下会产生很差的波形，对通信等弱电流线路有很大的电磁危险。

图 7.3.6　中性点与中性线

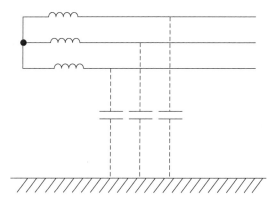

图 7.3.7　中性点不接地时线路电容分布

为了电力系统正常运行，常采用中性点直接接地工作方式。直接接地工作方式的特点如下：

（1）在中性点绝缘系统中，当发生某一相接地电流很小时，其保护装置很有可能不能迅速切断电源，但在中性点接地系统中该接地电流则为很大的单相接地短路电流，它能使保护装置准确快速地切断故障电流。

（2）在中性点接地系统中，相间电压固定，则有关电气设备的绝缘水平可按相电压考虑，可以减少投资费用。对 380 V 及以下的低压网，可以将相电压作为照明电源，减少变压器及有色金属的消耗。

（3）降低人体的接触电压。在中性点绝缘系统中，当发生某一相接地或碰壳，而人体又触及另一相时，人体的接触电压将超过相电压而成为线电压，但若中性点接地，则人体遭受的接触电压近似为相电压。

在直接接地网中由于单相接地短路，电流很大，有时甚至超过三相短路电流，会严重损坏电气设备及线路；因为正序电压会降低很多，电力系统不稳定，且对通信等弱电线路也有很强的电磁危险与干扰影响，所以采用中性点通过电阻、电抗或消弧线圈等接地的工作方式。

3）接地

接地是指电气设备或装置的某一可导电部分与大地之间的电气连接。它可分为电气装置或电气线路的带电部分与大地之间意外连接的故障接地；为保证电气设备和人身的安全，利用大地为正常运行、绝缘损坏或遭受雷击等情况下的电气设备等提供对地电流回路的人为正常接地。按接地的不同作用，正常接地又可分为保护接地和工作接地。

2. 保护接地

保护接地用于三相绝缘系统，适用于多数船舶，该方法是将电气设备不带电的金属部分与钢质船体进行可靠的电气连接，以保证人身安全。当设备绝缘性能下降或一相碰壳时，若未采用保护接地，如图 7.3.8（a）所示，人触及带电外壳就相当于单相触电。此时触电电流 I_d 完全通过人体流入大地，故十分危险。若采用了保护接地，如图 7.3.8（b）所示，此时触及外壳，因接地电阻 R_b 远小于与其并联的人体电阻 R_r，则即使发生触电情况，绝大部分触电电流经接地电阻 R_b 流向大地，从而流过人体的电流近似于零，起到了保护作用。一般保护接地电阻不大于 4 Ω。

(a) 不接地的危险　　　(b) 保护接地原理

图 7.3.8　不接地与保护接地

3. 保护接零

对于中性点接地的三相四线系统，一般采用保护接零实现人身安全保护。保护接零是将电气设备外壳等不带电的金属部件与系统零线相连接，如图 7.3.9 所示。若设备单相碰壳，则经零线产生单相短路，短路电流很大，足以使保护开关动作而保证了人身安全，同时也保证了其他设备的正常工作。

图 7.3.9　保护接零

对于船体为中性线的三相四线系统，接零即接地，它一般以接零方式实现保护。在同一电力网中，不允许一部分设备保护接地，另一部分设备保护接零。如图 7.3.10 所示，若保护接地设备单相碰壳，则电流经两个约 8 Ω 的接地电阻构成回路，使电流不够大，不足以使保护开关动作切断电路，从而使两外壳间存在相电压，其各自对地电压为 1/2 相电压，因而增加了触电危险性。

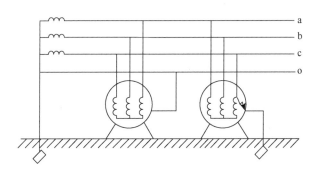

图 7.3.10　同一电网中两种保护

保护接地的主要要求如下。

（1）电气设备金属外壳均必须进行保护接地，但下列情况除外：①工作电压小于 50 V 的设备；②具有双重绝缘设备的金属外壳和用于防止轴电流的绝缘轴承座。

（2）当电气设备直接紧固在船体的金属结构上，或紧固在船体金属结构有可靠电气接地的底座（或支架）上时，可不另设专用导体接地。

（3）无论是专用导体接地还是靠设备底座接地，其接触面光洁平贴，接触电阻不大于 0.02 Ω，并有防松防锈等措施。

（4）电缆的所有金属护套或金属覆层必须有连续的电气连接，并可靠接地。

（5）接地导体应用铜或其他耐腐蚀的良导体制造，接地导体的截面积应符合规定。

（6）可携式电气设备的铜接地芯线的截面积与电源线截面积应满足要求。

4. 重复接地

在采用保护接零的中性点接地的三相四线系统中，为确保保护接零方式的安全可靠，防止中性线断裂造成的危害，系统中除了工作接地，可在中性线的其他部位再进行必要的接地，称为重复接地，如图 7.3.11 所示。

重复接地的作用如下：

（1）当系统发生接地短路时，可降低零线的对地电压，以减轻故障程度。若零线折断，断线后方有设备外壳故障带电。若无重复接地，接在断线前的设备外壳几乎没有对地电压，但断线后方所有设备外壳都有约等于相电压的对地电压，触电危险性大；若有重复接地，则接在断线前后的设备所带电压或多或少被拉平，断线后的设备外壳所带电压会远低于相电压（当两个接地电阻相同时，断线后方设备对地电压能降到原来的一半），虽说此电压可能仍是危险电压，但能使故障的程度减轻，所以要注意零线敷设质量。

（2）对于干线部分保护零线与工作零线完全共用的系统（简称 TN.C 系统），系统中零线断线后方若有不平衡负荷，其中性点会发生位移，从而引起各相负荷端的电压发生变化，负

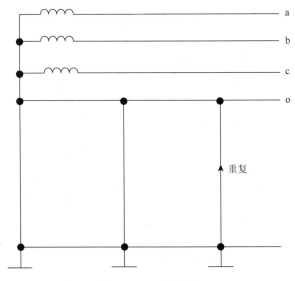

图 7.3.11　重复接地

荷容量大的相端电压变小，而负荷容量小的相端电压变大，使各相负荷都不能正常工作，严重时某些相负荷的相电压可能接近线电压而使电气设备烧毁。若有重复接地，能减少中性点的位移程度，从而减轻其相关危害。在实际工作中，为避免零线失灵所带来的危险，常考虑敷设专用零线进行保护接零，且装设漏电保护器作为辅助安全措施。

　　在 TN.C 系统中，保护接零的保护效能要好于保护接地的保护效能，但在具体实施过程中，如果稍有疏忽大意，没有严格按照规程要求实施，保护接零系统导致的触电危险性仍然是很高的。如连接设备的保护线（PE）发生断线，一旦发生设备绝缘损坏碰壳故障，不仅不能形成单相金属性短路，还会使得电气设备的外壳带电，危及人身和设备安全，所以对保护零线有特殊的要求。

　　5. 工作接地

　　为了保证在正常或事故情况下，电力设备能可靠地工作，需要在电力系统中某一点（如发电机或变压器的中性点、防止过电压的避雷器的某点）直接或经过特殊装置与大地进行可靠的金属性连接，称工作接地。其作用是保持系统电位稳定性，当配电网的某一相接地时，也有抑制电压升高的作用。在单线制电源网络中，将电源系统中某点通过接地装置与钢制船体进行可靠的电气连接就是工作接地，如图 7.3.12 所示。系统正常工作时，接地线中通有电流。

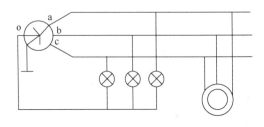

图 7.3.12　工作接地

工作接地的主要要求如下：

（1）工作接地与保护接地不能共用接地装置。

（2）工作接地应接至船体永久性结构或者与之永久连接的基座或支架上。铝质上层构件的工作接地应接至船体钢质部分。

（3）接地点应位于易检修、不易受机械损伤之处，不能固定于船壳上。

（4）平时不载流的接地线性能与载流导线相同，截面积为载流导线的一半。

（5）接地线应用直径不小于 6 mm 的专用螺钉紧固。

（6）以船体为回路的接地线截面积应与绝缘敷设的同极（相）导线相同，不得用裸线。接地线应尽量短，接地电阻不大于 0.01 Ω，并妥善固定。

6. 其他接地方式

电气设备为什么要接地？从安全角度来理解是，消除漏电危害，电气设备如果通电部分的绝缘性能欠佳，就会轻则感到"麻手"，重则伤人，倘若接地，漏电流就可沿地线流入大地，从而保护了人身安全，避免电击。电气设备上的避雷器是一种防止雷击的器件，必须埋好接地线，以便引雷入地，消除感应。电气设备会受到静电感应，如果机壳接地，就可将感应电荷安全地导入大地中。

1）防雷接地

为防雷击而进行的接地称为防雷接地。船舶上避雷针应设置于桅顶且高出其上至少300 mm。钢桅的避雷针直接焊在上面，无须接地。

防雷装置包括接闪器、支柱、引下线和接地体。接闪器包括避雷针、避雷线、避雷带、避雷网等。

2）防静电接地

防静电接地是为了消除生产过程中产生聚集静电荷，对设备、管道和容器等所进行的接地。

3）屏蔽接地

为了防止电磁感应而对电力设备的金属外壳、屏蔽罩、屏蔽线的外皮或建筑物金属屏蔽体等进行的接地称为屏蔽接地，其接地图与原理图如图 7.3.13 和图 7.3.14 所示。

根据静电感应原理，屏蔽于内部的带正电的导体 A 于屏蔽壳外表面感应出等量正电荷，其电场将对壳外仪器产生电磁作用，如图 7.3.14（a）所示；此时若将其外壳可靠接地，如图 7.3.14（b）所示，则外壳面的电荷将导入大地而消除导体 A（干扰源）对壳外仪器的干扰。

图 7.3.13　屏蔽接地

(a) 不接地时   (b) 接地时

图 7.3.14   屏蔽接地原理

参 考 文 献

蔡建军. 2006. 电工识图[M]. 北京：机械工业出版社.

蔡清水，杨承毅. 2009. 电气测量仪表使用实训[M]. 北京：人民邮电出版社.

蔡杏山，刘凌云，刘海峰. 2009. 零起步轻松学 PLC 技术[M]. 北京：人民邮电出版社.

付家才. 2004. 电机实验与实践[M]. 北京：高等教育出版社.

韩志凌. 2009. 电工电子实训教程[M]. 北京：机械工业出版社.

李忠国，江华圣，刘军. 2009. 电工电子仪表的使用[M]. 北京：人民邮电出版社.

刘凤春，孙建忠，牟宪民. 2017. 电机与拖动实验及学习指导[M]. 2 版. 北京：机械工业出版社.

刘星平. 2010. PLC 原理及工程应用[M]. 北京：中国电力出版社.

齐占伟. 2004. 看图学电气控制设备故障检修[M]. 北京：机械工业出版社.

秦钟全. 2009. 图解低压电工上岗技能[M]. 北京：化学工业出版社.

施春红. 2002. 船舶电气设备及自动控制[M]. 哈尔滨：哈尔滨工程大学出版社.

孙冠群，蔡慧，李璟，等. 2012. 控制电机与特种电机[M]. 北京：清华大学出版社.

孙建忠，刘凤春. 2016. 电机与拖动[M]. 3 版. 北京：机械工业出版社.

孙余凯，吴鸣山，项绮明，等. 2007. 电气线路和电气设备故障检修技巧与实例[M]. 北京：电子工业出版社.

王兰君，张从知. 2009. 电工仪表[M]. 北京：人民邮电出版社.

吴旗，俞亚珍. 2010. 电气测量与仪器[M]. 2 版. 北京：高等教育出版社.

杨利军，熊异. 2010. 电工技能训练[M]. 2 版. 北京：机械工业出版社.

杨清德. 2012. 图解电工技能[M]. 2 版. 北京：电子工业出版社.

张婷. 2018. 电机学实验教程[M]. 北京：机械工业出版社.

张作化. 2002. 船舶电气设备[M]. 北京：人民交通出版社.

赵镜红，孙盼，孙军. 2020. 电机实验与实践[M]. 北京：科学出版社.

郑凤翼. 2008. 电工识图[M]. 北京：人民邮电出版社.

郑凤翼. 2011. 电工应用识图[M]. 2 版. 北京：电子工业出版社.

熊谷文宏. 2000. 图解电气电子测量[M]. 王益全，译. 北京：科学出版社.

野口昌介. 2008. 漫话电机原理[M]. 王益全，王笑平，译. 北京：科学出版社.